2.1.4 自然景观

2.2.4 立体相框

2.4 课堂练习－镜头的快慢处理

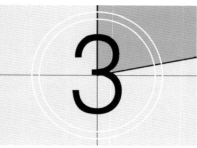

2.5 课后习题－倒计时效果

3.1.5 美味糕点

3.2.6 四季变化

3.2.12 鲜花盛开

3.3 课堂练习－汽车展会

3.4 课后习题－夕阳美景

4.3.4 脱色特效

4.3.12 彩色浮雕效果

4.4 课堂练习－局部马赛克效果

4.5 课后习题－夕阳斜照

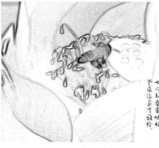

5.2.3 水墨画

5.3.4 抠像效果

1

5.4 课堂练习 – 单色保留

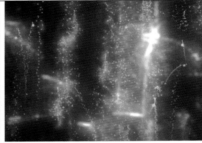

5.5 课后习题 – 颜色替换

6.2.4 麦斯咖啡

6.3.3 璀璨星空

6.5 课堂练习 – 影视快车

6.6 课后习题 – 节目片头

7.3.3 超重低音效果

7.4.3 声音的变调与变速

7.7 课堂练习 – 音频的剪辑

7.8 课后习题 – 音频的调节

8.1 制作百变强音栏目包装

8.2 制作儿童相册

8.3 制作牛奶广告

8.4 制作最美夕阳纪录片

8.5 制作儿歌 MV

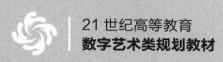

21 世纪高等教育
数字艺术类规划教材

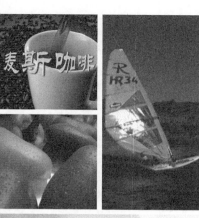

Premiere Pro CS5
中文版
基础教程

付琳 王京晶 ◎ 编著

人民邮电出版社
北 京

图书在版编目（CIP）数据

Premiere Pro CS5中文版基础教程 / 付琳，王京晶
编著. -- 北京：人民邮电出版社，2014.3（2019.3重印）
21世纪高等教育数字艺术类规划教材
ISBN 978-7-115-33873-0

Ⅰ. ①P… Ⅱ. ①付… ②王… Ⅲ. ①视频编辑软件一
高等学校一教材 Ⅳ. ①TN94

中国版本图书馆CIP数据核字(2014)第016753号

内 容 提 要

本书全面、系统地介绍了 Premiere Pro CS5 的基本操作方法及影视编辑技巧，内容包括 Premiere Pro CS5 基础，Premiere Pro CS5 影视剪辑技术，视频转场效果，视频特效应用，调色、抠像、透明与叠加技术，字幕、字幕特技与运动设置，加入音频效果和案例实训等。

本书既突出基础知识的学习，又重视实践性应用，在介绍了基础知识和基本操作后，精心设计了课堂案例，力求通过实际操作，使学生快速掌握软件功能和影视后期编辑思路；最后通过课堂练习和课后习题拓展学生的实际应用能力，提高学生的软件应用技巧。本书的最后一章精心安排了影视设计公司的 5 个精彩实例，可以帮助学生快速掌握影视后期制作的设计理念和设计元素，顺利达到实战水平。

本书适合作为高等院校和培训机构相关艺术专业的教材，也可作为 Premiere 自学人员和喜欢影视后期的读者的学习用书或参考用书。

◆ 主　编　付　琳　王京晶
　　责任编辑　许金霞
　　责任印制　彭志环　焦志炜
◆ 人民邮电出版社出版发行　　北京市丰台区成寿寺路 11 号
　　邮编　100164　电子邮件　315@ptpress.com.cn
　　网址　http://www.ptpress.com.cn
　　固安县铭成印刷有限公司印刷
◆ 开本：787×1092　1/16　　　　彩插：1
　　印张：16.5　　　　　　　　　2014 年 3 月第 1 版
　　字数：401 千字　　　　　　　2019 年 3 月河北第 4 次印刷

定价：39.80 元（附光盘）

读者服务热线：(010)81055256　印装质量热线：(010)81055316
反盗版热线：(010)81055315
广告经营许可证：京东工商广登字 20170147 号

前言

    Premiere 是 Adobe 公司开发的影视编辑软件，功能强大、易学易用，深受广大影视制作爱好者和影视后期编辑人员的喜爱，已经成为这一领域最流行的软件之一。目前，我国很多本科院校的数字媒体艺术专业都将 Premiere 作为一门重要的专业课程。为了帮助本科院校的教师全面、系统地讲授这门课程，使学生能够熟练地使用 Premiere 进行影视编辑，本书由北京印刷学院设计艺术学院多媒体艺术设计专业的付琳、王京晶两位老师共同编写。在编写过程中，感谢北京印刷学院的相关领导和同事的大力支持，感谢北京印刷学院教改项目《数字媒体设计软件基础》（22150113066）和北京印刷学院校级社科项目《基于虚拟现实技术的多媒体展示设计应用研究》（23190113041）的资助，同时也感谢相关专业影视制作公司经验丰富的设计师在案例整理过程中的贡献。

    我们对本书的体系做了精心的设计，按照"软件功能解析—课堂案例—课堂练习—课后习题"这一思路进行编排，力求通过软件功能解析，使学生深入学习软件功能和制作技巧；通过课堂案例演练，使学生快速熟悉软件功能和影视后期制作的思路；通过课堂练习和课后习题，拓展学生的实际应用能力。在本书的最后一章，还精心安排了影视设计公司的 5 个精彩实例，可以帮助学生快速掌握影视后期制作的设计理念和设计元素，顺利达到实战水平。

    本书既突出基础知识的学习，又重视实践性的应用。在内容编写方面，力求重点突出，细致全面；在文字叙述方面，注意言简意赅、通俗易懂；在案例选取方面，强调案例的针对性和实用性。

    本书配套光盘中包含了书中所有案例的素材及效果文件。另外，为了便于教师教学，本书配备了详尽的课堂练习和课后习题的操作步骤、PPT 课件、习题答案和教学大纲等丰富的教学资源，任课教师可登录人民邮电出版社教学服务与资源网（www.ptpedu.com.cn）免费下载使用。

    本书的参考学时为 44 学时，其中实训环节为 16 学时。各章的参考学时见下面的学时分配表。

章	课 程 内 容	学 时 分 配	
		讲　授	实　训
第 1 章	Premiere Pro CS5 基础	3	
第 2 章	Premiere Pro CS5 影视剪辑技术	2	2
第 3 章	视频转场效果	4	3
第 4 章	视频特效应用	4	3
第 5 章	调色、抠像、透明与叠加技术	3	2
第 6 章	字幕、字幕特技与运动设置	4	3
第 7 章	加入音频效果	4	3
第 8 章	案例实训	4	
课 时 总 计		28	16

由于时间仓促，加之作者水平有限，书中难免存在错误和不妥之处，敬请广大读者批评指正。

编　者

2013 年 11 月

目录
CONTENTS

第 1 章
Premiere Pro CS5
基础

本章对 Premiere Pro CS5 的界面、基本操作和渲染输出进行了详细讲解。通过对本章的学习，读者可以快速了解并掌握 Premiere Pro CS5 的入门知识，为后续章节的学习打下坚实的基础。

课堂学习目标

- Premiere Pro CS5 概述
- Premiere Pro CS5 的基本操作
- Premiere Pro CS5 可输出的文件格式
- 影片项目的预演
- 输出参数的设置
- 渲染输出各种格式文件

1.1 Premiere Pro CS5 概述

Adobe Premiere Pro CS5 是由 Adobe 公司基于 Macintosh 和 Windows 平台开发的一款非线性编辑软件，被广泛应用于电视节目制作、广告制作和电影制作等领域。

Adobe 公司于 1991 年首次推出 Adobe Premiere 软件，其后通过不断升级和改进，使其功能更加趋近专业化。2003 年 7 月推出的 Premiere Pro 版本，将非线编辑能力提升到了一个新的层次，并提供了强大且高效的增强功能和先进的专业工具，使剪辑工作变得更加轻松、高效。于 2010 年正式发布的 Premiere ProCS5 软件只能运行在 64 位操作系统，且借助 64 位 CPU 强劲的运算能力及硬件加速渲染能力，支持从低到高的几乎所有视频格式，从脚本编写到编辑、编码和最终交付，实现视频的一站式制作。

1.2 初识 Premiere Pro CS5

初学 Premiere Pro CS5 的读者在启动 Premiere Pro CS5 后，可能会对工作窗口或面板感到束手无策。本节将对 Premiere ProCS5 的用户操作界面、"项目"面板、"时间线"面板、"监视器"面板和其他功能面板及菜单命令进行详细讲解。

1.2.1 认识用户操作界面

Premiere Pro CS5 的用户操作界面如图 1-1 所示，从图中可以看出，该界面由标题栏、菜单栏、"项目"面板、"源"/"特效控制台"/"调音台"面板组、"节目"面板、"历史"/"信息"/"效果"面板组、"时间线"面板、"音频控制"面板和"工具"面板等组成。

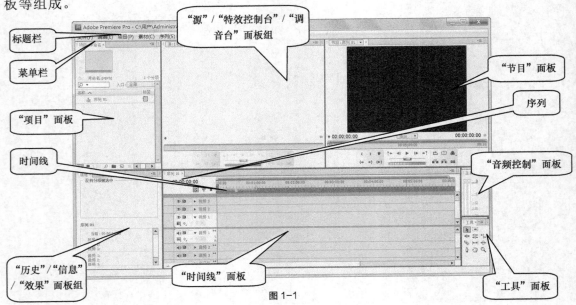

图 1-1

1.2.2　熟悉"项目"面板

"项目"面板主要用于输入、组织和存放供"时间线"面板编辑合成的原始素材，如图1-2所示。该面板主要由素材预览区、素材目录栏和面板工具栏 3 部分组成。

在素材预览区，用户可预览选中的原始素材，同时还可查看素材的基本属性，如素材的名称、媒体格式、视/音频信息、数据量等。

在"项目"面板下方的工具栏中共有 7 个功能按钮，从左至右分别为"列表视图"按钮、"图标视图"按钮、"自动匹配序列"按钮、"查找"按钮、"新建文件夹"按钮、"新建分项"按钮和"清除"按钮。各按钮的作用如下。

图 1-2

"列表视图"按钮：单击此按钮，可以将素材窗中的素材以列表形式显示。

"图标视图"按钮：单击此按钮，可以将素材窗中的素材以图标形式显示。

"自动匹配序列"按钮：单击此按钮，可以将素材自动调整到时间线。

"查找"按钮：单击此按钮，可以按提示快速查找素材。

"新建文件夹"按钮：单击此按钮可以新建文件夹，以便管理素材。

"新建分项"按钮：单击此按钮，可以为素材添加分类，以便更有序地进行管理。

"清除"按钮：选中不需要的文件，单击此按钮，即可将其删除。

1.2.3　认识"时间线"面板

"时间线"面板是 Premiere Pro CS5 的核心部分，在编辑影片的过程中，大部分工作都是在"时间线"面板中完成的。通过"时间线"面板，用户可以轻松地实现对素材的剪辑、插入、复制、粘贴和修整等操作，如图 1-3 所示。

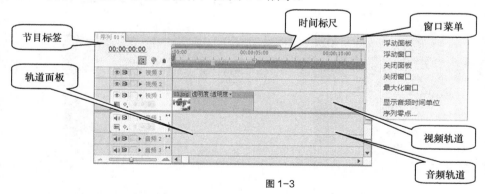

图 1-3

"时间线"面板中的各按钮及组成部分的作用分别如下。

"吸附"按钮：单击此按钮可以启动吸附功能，这时在"时间线"面板中拖动素材，素材将自动粘合到邻近素材的边缘。

"设置 Encore 章节标记"按钮：用于设置 Encore 主菜单标记。

"切换轨道输出"按钮：用于设置是否在监视窗口显示该影片。

"切换轨道输出"按钮：激活此按钮，可以播放声音，反之则是静音。

"轨道锁定开关"按钮：单击此按钮，当按钮变成状时，当前轨道被锁定，处于不能编辑状态；当按钮变成状时，可以编辑操作该轨道。

"折叠-展开轨道"▶：隐藏/展开视频轨道工具栏或音频轨道工具栏。

"设置显示样式"按钮：单击此按钮将弹出下拉菜单，在此菜单中可选择需要显示的命令。

"显示关键帧"按钮：单击此按钮，选择显示当前关键帧的方式。

"设置显示样式"按钮：单击此按钮，弹出下拉菜单，在菜单中可以根据需要对音频轨道素材显示方式进行选择。

"转到下一个关键帧"按钮：将时间指针定位在被选素材轨道上的下一个关键帧上。

"添加-移除关键帧"按钮：在轨道中被选素材的当前位置上添加/移除关键帧。

"转到前一个关键帧"按钮：将时间指针定位在被选素材轨道上的上一个关键帧上。

滑块：放大/缩小音频轨道中关键帧的显示程度。

"设置未编号标记"按钮：单击此按钮，在当前帧的位置上设置标记。

时间码 00:00:00:00：用于显示播放影片的进度。

节目标签：单击相应的标签，可以在不同的节目间进行切换。

轨道面板：用于对轨道的退缩和锁定等参数进行设置。

时间标尺：用于对剪辑的组进行时间定位。

窗口菜单：用于对时间单位及剪辑参数进行设置。

视频轨道：为影片进行视频剪辑的轨道。

音频轨道：为影片进行音频剪辑的轨道。

1.2.4 认识"监视器"面板

"监视器"面板分为"源"面板和"节目"面板，分别如图1-4和图1-5所示，所有编辑或未编辑的影片片段都在此显示效果。

图1-4

图1-5

"监视器"面板中的各按钮的作用分别如下。

"设置入点"按钮：用于设置当前影片位置的起始点。

"设置出点"按钮：用于设置当前影片位置的结束点。

"设置未编号标记"按钮：用于设置影片片段未编号标记。

"跳转到前一个标记"按钮 ▣：用于调整时差滑块到当前位置的前一个标记处。

"步进"按钮 ▣：此按钮是对素材进行逐帧播放的控制按钮。每单击一次该按钮，播放就会前进 1 帧，按住<Shift>键的同时单击此按钮，每次前进 5 帧。

"播放-停止切换"按钮 ▣/▣：单击此按钮，会从监视窗口中时间标记 ▣ 的当前位置开始播放；在"节目"监视器窗口中，在播放时按<J>键可以进行倒播。

"步退"按钮 ▣：此按钮是对素材进行逐帧倒播的控制按钮，每单击一次该按钮，播放就会后退 1 帧，按住<Shift>键的同时单击此按钮，每次后退 5 帧。

"跳转到下一个标记"按钮 ▣：用于调整时差滑块到当前位置的下一个标记处。

"循环"按钮 ▣：用于控制循环播放。单击此按钮，监视窗口就会不断循环播放素材，直至按下停止按钮。

"安全框"按钮 ▣：单击此按钮，可为影片设置安全边界线，以防影片画面太大播放不完整。再次单击该按钮，可隐藏安全线。

"输出"按钮 ▣：单击此按钮，可在弹出的菜单中对导出的形式和导出的质量进行设置。

"跳转到入点"按钮 ▣：单击此按钮，可将时间标记 ▣ 移到起始点位置。

"跳转到出点"按钮 ▣：单击此按钮，可将时间标记 ▣ 移到结束点位置。

"播放入点到出点"按钮 ▣：单击此按钮播放素材时，只在定义的入点到出点之间播放素材。

"飞梭" ▬▬▬▬ ：在播放影片时，拖曳中间的滑块，可以改变影片的播放速度，滑块离中心点越近，播放速度越慢，反之则越快。向左拖曳将倒播影片，向右拖曳将正播影片。

"微调" ▬▬▬▬ ：将鼠标指针移动到它的上面，单击并按住鼠标左右拖曳，可以仔细地搜索影片中的某个片段。

"插入"按钮 ▣：单击此按钮，当插入一段影片时，重叠的片段将后移。

"覆盖"按钮 ▣：单击此按钮，当插入一段影片时，重叠的片段将被覆盖。

"跳转到前一个编辑点"按钮 ▣：用于跳转到同一轨道上当前编辑点的前一个编辑点。

"跳转到下一个编辑点"按钮 ▣：用于跳转到同一轨道上当前编辑点的后一个编辑点。

"提升"按钮 ▣：用于将轨道上入点与出点之间的内容删除，删除之后仍然留有空间。

"提取"按钮 ▣：用于将轨道上入点与出点之间的内容删除，删除之后不留空间，后面的素材会自动连接前面的素材。

"导出单帧"按钮 ▣：可导出一帧的影视画面。

1.2.5　其他功能面板概述

除了以上介绍的面板，Premiere Pro CS5 还提供了其他一些便于用户编辑操作的功能面板，下面逐一进行介绍。

1. "效果"面板

"效果"面板存放着 Premiere Pro CS5 自带的各种音频、视频特效和预设的特效，这些特效按照功能分为 5 大类，包括音频特效、视频特效、音频过渡效果、视频切换效果及预设特效，其中每一大类又按照效果细分为很多小类，如图 1-6 所示。用户安

图 1-6

装的第三方特效插件也将出现在该面板的相应类别文件中。

默认设置下，"效果"面板、"历史"面板和"信息"面板被合并为一个面板组，单击"效果"标签，即可切换到"效果"面板。

2. "特效控制台"面板

同"效果"面板一样，在 Premiere Pro CS5 的默认设置下，"特效控制台"、"源"监视器面板和"调音台"面板被合并为一个面板组。"特效控制台"面板主要用于控制对象的运动、透明度、切换及特效等，如图1-7所示。当为某一段素材添加了音频、视频或转场特效后，就需要在该面板中进行相应的参数设置和添加关键帧。画面的运动特效也在这里进行设置，该面板会根据素材和特效的不同显示不同的内容。

3. "调音台"面板

"调音台"面板可以更加有效地调节项目的音频，可以实时混合各轨道的音频对象，如图1-8所示。

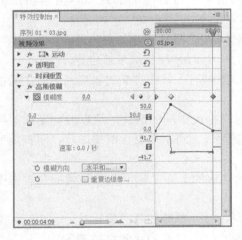

图1-7

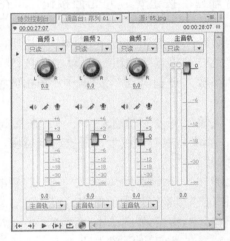

图1-8

4. "历史"面板

"历史"面板可以记录用户从建立项目开始进行的所有操作，如果在执行了错误操作后单击该面板中相应的命令，即可撤销错误操作并重新返回到错误操作之前的某一个状态，如图1-9所示。

5. "信息"面板

在 Premiere Pro CS5 中，"信息"面板作为一个独立面板显示，其主要功能是集中显示所选定素材对象的各项信息。不同的对象，"信息"面板的内容也不尽相同，如图1-10所示。

默认设置下，"信息"面板是空白的，如果在"时间线"面板中放入一个素材并选中它，"信息"面板将显示选中素材的信息，如果有过渡，则显示过渡的信息。如果选定的是一段视频素材，"信息"面板将显示该素材的类型、持续时间、帧速率、入点、出点及光标的位置；如果选定的是静止图片，"信息"面板将显示素材的类型、持续时间、帧速率、开始点、结束点及光标的位置。

图 1-9

图 1-10

6."工具"面板

"工具"面板主要用来对时间线中的音频和视频等内容进行编辑，如图 1-11 所示。

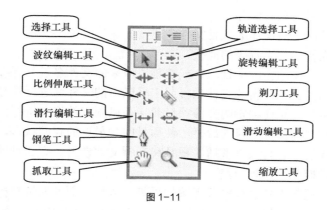

图 1-11

1.2.6　菜单命令介绍

Premiere Pro CS5 的主要菜单命令共有 9 个，分别介绍如下。

1."文件"菜单

"文件"菜单包括的子菜单如图 1-12 所示，主要用于项目页面的创建、打开、保存、导入、导出等设置，以及采集视频、采集音频、观看影片属性、打印内容等。

"新建"命令包括以下 11 个子命令。

（1）"项目"：可以创建一个新的项目文件。

（2）"序列"：可以创建一个新的合成序列，从而进行编辑合成。

（3）"文件夹"：可以在项目面板中创建项目文件夹。

（4）"脱机文件"：可以创建离线编辑的文件。

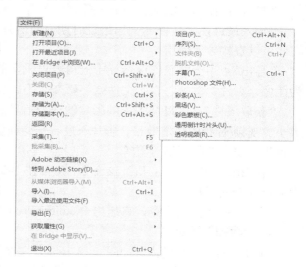

图 1-12

（5）"字幕"：可以建立一个新的字幕窗口。

（6）"Photoshop 文件"：建立一个 Photoshop 文件，系统会自动启动 Photoshop 软件。

（7）"彩条"：在此可以建立一个 10 帧的色条片段。

（8）"黑场"：可以建立一个黑屏文件。

（9）"彩色蒙板"：在"时间线"面板中叠加特技效果时，为被叠加的素材设置固定的背景色彩。

（10）"通用倒计时片头"：用于创建倒计时的视频素材。

（11）"透明视频"：用于创建透明的视频素材文件。

"文件"菜单中的其他子菜单的作用分别如下。

"打开项目"：打开已经存在的项目、素材或影片等文件。

"打开最近项目"：打开最近编辑过的文件。

"在 Bridge 中浏览"：用于浏览需要的项目文件，在打开另一个项目文件或新建项目文件前，用户最好先将当前项目保存。

"关闭项目"：关闭当前操作的项目文件。

"关闭"：关闭操作界面中打开的面板。

"存储"：将当前正在编辑的文件项目或字幕以原来的文件名进行保存。

"存储为"：将当前正在编辑的文件项目或字幕以新的文件名进行保存。

"存储副本"：将当前正在编辑的文件项目或字幕以副本的形式进行保存。

"返回"：放弃对当前文件项目的编辑，使项目回到最近的存储状态。

"采集"：从外部视频、音频设备捕获视频和音频文件素材。有 3 种捕获方式，即音频、视频同时捕获，音频捕获和视频捕获。

"批采集"：通过视频设备进行多段视频的采集，以供后面的非编辑操作。

"Adobe 动态链接"：使用该命令，可以使 Premiere 与 After Effects 有机地结合起来。

"转到 Adobe Story"：直接链接到 Adobe Story 辅助工具。

"从媒体浏览器导入"：从媒体浏览器导入需要的外部素材文件。

"导入"：在当前的文件中导入需要的外部素材文件。

"导入最近使用文件"：列出最近时期内的所有在软件中导入过的文件，如果要重复使用，在此可以直接导入使用。

"导出"：用于将工作区域栏中的内容以设定的格式输出为图像、影片、单帧、音频文件或字幕文件等。

"获取属性"：可以从中了解影片的详细信息，如文件的大小、视频/音频的轨道数目、影片长度、平均帧率、音频的各种指示与有关的压缩设置等。

"在 Bridge 中显示"：执行该命令，可以在 Bridge 管理器中显示最新的影片。

"退出"：选择该命令，将退出 Premiere Pro CS5 程序。

图 1-13

2. "编辑"菜单

"编辑"菜单包括的内容如图 1-13 所示，主要用于复制、粘贴、剪切、撤销和清除等操作，其各子菜单的作用分别如下。

"撤销"：用于取消上一步的操作，返回到上一步之前的编辑状态。

"重做"：用于恢复撤销操作前的状态，避免重复性操作。该命令与撤销命令的次数理论上是无限次的，具体次数取决于计算机内存容量的大小。

"剪切"：将当前文件直接剪切到其他地方，原文件不存在。

"复制"：复制当前文件，原文件依旧保留。

"粘贴"：将剪切或复制的文件粘贴到相应的位置。

"粘贴插入"：将剪切或复制的文件在指定的位置以插入的方式进行粘贴。

"粘贴属性"：将其他素材片段上的一些属性粘贴到选定的素材片段上，这些属性包括一些过渡特技、滤镜和设置的一些运动效果等。

"清除"：用于消除所选中的内容。

"波纹删除"：用于删除两个素材之间的间距，所有未锁定的剪辑就会移动并填补这个空隙，即被删除素材后面的内容将自动向前移动。

"副本"：复制"项目"面板中选定的素材，以创建其副本。

"全选"：选定当前窗口中的所有素材或对象。

"取消全选"：取消对当前窗口所有素材或对象的选定。

"查找"：根据名称、标签、类型、持续时间或出入点在"项目"面板中定位素材。

"查找面"：按文件名或字符串进行快速查找。

"标签"：用于定义时间线面板中素材片段的标签颜色。在"时间线"上选中素材片段后，再选择"标签"子菜单中的任意一种颜色，即可改变素材片段的标签颜色。

"编辑原始资源"：用于将选中的原始素材在外部程序（如 Adobe Photoshop 等）中进行编辑。此操作将改变原始素材。

"在 Adobe Audition 中编辑"：选择该命令可在 Adobe Audition 中编辑声音素材。

"在 Adobe Soundbooth 中编辑"：选择该命令可在 Adobe Soundbooth 中编辑声音素材。

"在 Adobe Photoshop 中编辑"：选择该命令可在 Adobe Photoshop 中编辑图像素材。

"键盘自定义"：该命令可以分别为应用程序、窗口和工具等设置键盘快捷键。

"首选项"：用于对保存格式和自动保存等一系列的环境参数进行设置。

3. "项目"菜单

"项目"菜单中的命令主要用于管理项目以及项目中的素材，包括项目设置、链接媒体、自动匹配序列、导入批处理列表、导出批处理列表和项目管理等，分别说明如下。

"项目设置"：用于设置当前项目文件的一些基本参数，包括"常规"和"暂存盘"两个子命令，如图 1-14 所示。

"链接媒体"：用于将"项目"面板中的素材与外部的视频文件、音频文件和网络媒介等链接起来。

"造成脱机"：该命令与"链接媒体"命令相对立，用

图 1-14

于取消"项目"面板中的素材与外部视频文件、音频文件和网络等媒介的链接。

"自动匹配序列"：将"项目"面板中选定的素材按顺序自动排列到"时间线"面板的轨道上。

"导入批处理列表"：用于从硬盘中导入一个 Premiere 格式的批处理文件列表。批处理列表即标记磁带号、入点、出点、素材和注释等信息的.txt 文件或.csv 文件。

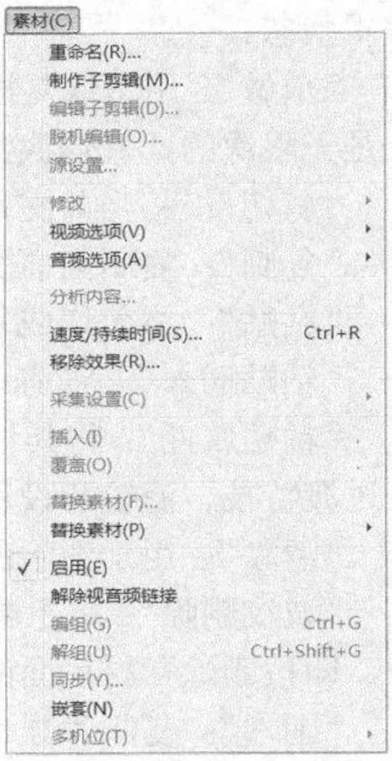

"导出批处理列表"：用于将 Premiere 格式的批处理列表导出到硬盘上。只有视频/音频媒体数据，才能导出成批处理列表。

"项目管理"：用于管理项目文件或使用的素材，它可以排除未使用的素材，同时可以将项目文件与未使用的素材进行搜集，并放置在同一个文件夹中。

"移除未使用资源"：选择该命令，可以从"项目"面板中删除整个项目中未被使用的素材，这样可以减小文件的大小。

4."素材"菜单

"素材"菜单中包括了大部分的剪辑影片命令，如图 1-15 所示，其作用分别说明如下。

"重命名"：将选定的素材重新命名。

"制作子剪辑"：在"源"面板中为当前编辑的素材创建子素材。

"编辑子剪辑"：用于编辑子素材的切入点和切出点。

"脱机编辑"：用于对脱机素材进行注释编辑。

"源设置"：用于对外部的采集设备进行设置。

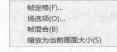

图 1-15

"修改"：用于对源素材的音频声道、视频参数及时间码进行修改。

"视频选项"：设置视频素材的各选项，如图 1-16 所示，其子菜单命令介绍如下。

（1）"帧定格"：将一个素材的入点、出点或 0 标记点的帧设置为静止。

（2）"场选项"：用于冻结帧时，场的交互设置。

（3）"帧混合"：使视频前后帧之间交叉重叠，通常情况下设置被选中的素材。

图 1-16

（4）"缩放为当前画面大小"：在"时间线"面板中选中一段素材，选择该命令，所选素材在节目监视器窗口中将自动全屏显示。

"音频选项"：用于对与音频素材相关的参数进行设置。

"分析内容"：快速分析、编码素材。

"速度/持续时间"：用于设置素材的播放速度。

"移除效果"：可移除运动、透明度、音频和音量等关键帧动画。

"采集设置"：设置采集素材时的控制参数。

"插入"：将"项目"面板中的素材或"来源"监视器面板中已经设置好入点与出点的素材插入到"时间线"面板中时间标记所在的位置。

"覆盖"：将"项目"面板中的素材或"来源"监视器面板中已经设置好入点与出点的素材插入到"时间线"面板中时间标记所在的位置，并覆盖该位置原有的素材片段。

"替换素材"：用新选择的素材文件替换"项目"窗口中指定的旧素材。

"替换素材"：此命令包含 3 个子菜单，如图 1-17 所示，其子菜单命令介绍如下。

（1）"从源监视器"：将当前素材替换为"源"面板中的素材。

（2）"从源监视器，匹配帧"：将当前素材替换为"源"面板中的素材，并选择与其时间相同的素材进行匹配。

（3）"从文件夹"：从该素材的源路径进行相关的素材替换。

图 1-17

"启用"：激活当前选中的素材。

"解除视音频链接"：选择该命令，在"时间线"面板中将解除视频和音频文件的链接。

"编组"：将影片中的几个素材暂时组合成一个整体。

"解组"：将影片中组合成一个整体的素材分解成多个影片片段。

"同步"：按照起始时间、结束时间或时间码，将"时间线"面板中的素材对齐。

"嵌套"：从时间线轨道中选择一组素材，将它们打包成一个序列。

"多机位"：可用于编辑来自 4 个不同的视频源的多个影视片段。

5."序列"菜单

"序列"菜单如图 1-18 所示，主要用于在"时间线"窗口中对项目片段进行编辑、管理和设置轨道属性等操作，其各命令选项功能如下。

"序列设置"：用于更改序列参数，如视频制式、播放速率和画面尺寸等。

"渲染工作区域内的效果"：用内存来渲染和预览指定工作区内的素材。

"渲染完整工作区域"：用内存来渲染和预览整个工作区内的素材。

"渲染音频"：只渲染音频素材。

"删除渲染文件"：删除所有与当前项目工程关联的渲染文件。

"删除工作区域渲染文件"：删除工作区指定的渲染文件。

"剃刀：切分轨道"：以当前时间指针为起点，切断在"时间线"上选取的素材。

图 1-18

"剃刀：切分全部轨道"：以当前时间指针为起点，切断在"时间线"上的所有素材。

"提升"：将监视器窗口中所选定的源素材插入到编辑线所在的位置。

"提取"：将监视器窗口中所选定的源素材覆盖到编辑线所在位置的素材上。

"应用视频过渡效果"：用于视频素材的转换。

"应用音频过渡效果"：用于音频素材的转换。

"应用默认过渡效果到所选择区域"：将默认的过渡效果应用到所选择的素材。

"标准化主音轨"：统一设置主音频的音量值。

"放大/缩小"：对"时间线"窗口中的时间显示比例进行放大和缩小，以便于进行视频和音频片段的编辑。

"吸附"：此命令主要用来决定是否让选择的素材具有吸附效果，以便将素材的边缘自动对齐。

"跳转间隔"：跳转到序列或轨道中的下一段或前一段。

"添加轨道"：用于增加序列的编辑轨道。

"删除轨道"：用于删除序列的编辑轨道。

6."标记"菜单

"标记"菜单如图 1-19 所示，主要用于对"时间线"面板中的素材标记和"监视器"面板中的素材标记进行编辑处理，各命令选项功能如下。

"设置素材标记"：设置素材的标记。

图 1-19

"跳转素材标记"：指向某个素材标记，如转到下一个标记入点或出点等。此命令只有在设置完素材标记后才可使用。

"清除素材标记"：清除已经设置好的某个素材标记。此命令只在设置完素材标记后才可使用。

"设置序列标记"：设置时间标记。应先选择好需要设置的时间线标记后再使用。

"跳转序列标记"：指定某个时间标记。

"清除序列标记"：清除时间线中已经设定的标记，如当前标记、所有标记、入点、出点和编号。

"编辑序列标记"：编辑时间线标记，如指定超链接和编辑注释等。

"设置 Encore 章节标记"：设置 Encore 标记，如场景和主菜单等。

"设置 Flash 提示标记"：设置 Flash 交互式提示标记。

7. "字幕" 菜单

"字幕"菜单包括的命令选项如图 1-20 所示，主要用于对打开的字幕进行编辑。双击素材库中的某个字幕文件，以便打开字幕窗口进行编辑。各子菜单的作用分别如下。

图 1-20

"新建字幕"：该命令用于创建一个字幕文件。

"字体"：设置当前"字幕工具"面板中字幕的字体。

"大小"：设置当前"字幕工具"面板中字幕的大小。

"文字对齐"：设置字幕文字的对齐方式，包括左对齐、居中和右对齐。

"方向"：设置字幕的排列方向，包括水平和垂直。

"自动换行"：设置"字幕工具"面板中的字幕是否根据自定义文本框自动换行。

"制表符设置"：设置"字幕工具"面板中的制表定位符。

"模板"：Premiere 为用户提供了丰富的模板，使用该命令可以打开字幕模板。

"滚动/游动选项"：设置字幕文字的滚动方式。

"标记"：用于在字幕中插入或编辑图形。

"变换"：用于精确设置字幕中文字的位置、大小、旋转和透明度。

"选择"：用于选择"字幕工具"面板中的对象，共有 4 个选项可供选择，包括"上层的第一个对象"、"上层的下一个对象"、"下层的第一个对象"和"下层的最后一个对象"。

"排列"：用于改变当前文字的排列方式，共有 4 个选项可供选择，包括"放置最上层"、"上移一层"、"放置最下层"和"下移一层"。

"位置"：设置字幕在"字幕工具"面板中的位置，共有 3 个选项可供选择，包括"水平居中"、"垂直居中"和"下方三分之一处"。

"对齐对象"：将文字与当前"字幕工具"面板中的指定对象对齐。

"分布对象"：设置"字幕工具"面板中选定对象的分布方式。

"查看"：设置"字幕工具"面板的视图显示方式，如"动作安全框"、"字幕安全框"、"字幕基线"和"制表符标记"等。

8. "窗口" 菜单

"窗口"菜单包括的内容如图 1-21 所示，主要用于管理工作区域的各个窗口，包括工作空间的设置、效果面板、历史面板、信息面板、工具面板、混合音频面板、监视器窗口、字幕窗口、项目面板和时间

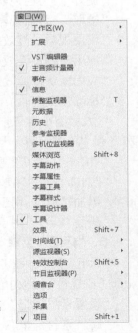

图 1-21

线窗口。各子菜单的作用分别如下。

"工作区"：用于切换不同模式的工作窗口。该命令包括"Editing"、"Effects"、"元数据记录"、"效果"、"编辑"、"色彩校正"和"音频"等模式，以及"新建工作区"、"删除工作区"、"重置当前工作区"和"导入项目中的工作区"等工作区，如图 1-22 所示。

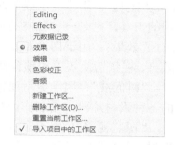

"扩展"：用于显示/关闭"Access CS Live"面板和"Resource Central"面板，这两个面板主要用于访问在线服务和显示中心资源。

"VST 编辑器"：用于显示/隐藏 VST 编辑器窗口。

"主音频计量器"：用于关闭或开启"主音频计量器"面板，该面板主要对音频素材的主声道进行电平显示。

图 1-22

"事件"：用于显示"事件"对话框。图 1-23 所示为"事件"窗口的操作界面，用于记录项目编辑过程中的事件。

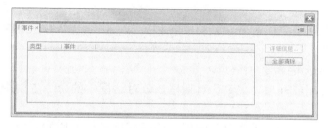

图 1-23

"信息"：用于显示或关闭"信息"面板，该面板中显示的是当前所选素材的文件名、类型和时间长度等信息。

"修整监视器"：用于显示或关闭"修整监视器"面板，该面板主要用于对图像进行修整处理。

"元数据"：用于显示/隐藏元数据信息面板。

"历史"：用于显示"历史"面板，该面板记录了从建立项目开始以来所进行的所有操作。

"参考监视器"：用于显示或关闭"参考监视器"面板，该面板用于对编辑的图像进行实时的监控。

"多机位监视器"：用于显示或关闭"多机位监视器"面板，在该面板中可以对画面进行监控。

"媒体浏览"：用于显示/隐藏媒体浏览窗口。

"字幕动作"：用于显示或关闭"字幕动作"面板，该面板主要用于对单个或者多个对象进行对齐、排列和分布调整。

"字幕属性"：用于显示或关闭"字幕属性"面板。在"字幕属性"面板中还提供了多种针对文字字体、文字尺寸、外观和其他基本属性的参数设置。

"字幕工具"：用于显示或关闭"字幕工具"面板，该面板存放着一些与标题字幕制作相关的工具，利用这些工具，用户可以加入标题文本、绘制简单的几何图形。

"字幕样式"：用于显示或关闭"字幕设计器"面板。该面板中显示了系统所提供的所有字幕样式。

"字幕设计器"：用于显示或关闭"字幕样式"面板。在该面板中可以看到所输入文字的最终效果，也可以对当前对象进行简单的设计。

"工具"：用于显示或关闭"工具"面板。该面板中包含了一些在进行视频编辑操作时常用的工具，它是一个独立的活动窗口，单独显示在工作界面上。

"效果"：用于切换及显示"效果"面板。该面板集合了音频特效、视频特效、音频过渡效果、视频切换效果和预置特效的功能，可以很方便地为"时间线"面板中的素材添加特效。

"时间线"：用于显示或关闭"时间线"面板。该面板按照时间顺序组合"项目"面板中的各种素材片段，是制作影视节目的编辑面板。

"源监视器"：用于显示或关闭"源监视器"面板。在该面板中可以对"项目"面板中的素材进行预览，还可以剪辑素材片段等。

"特效控制台"：用于切换及显示"特效控制"面板。该面板中的命令用于设置添加到素材中的特效。

"节目监视器"：用于显示或关闭"节目监视器"面板。通过"节目监视器"面板，可实时预览编辑的素材。

"调音台"：主要用于完成对音频素材的各种处理，如混合音频轨道、调整各声道音量平衡和录音等。

"选项"：用于显示/隐藏选项信息。

"采集"：用于关闭或开启"采集"对话框。该对话框中的命令主要用于对视频采集进行相关的设置。

"项目"：用于显示或关闭"项目"面板。该面板用于引入原始素材，对原始素材片段进行组织和管理，并且可以用多种显示方式显示每个片段，包含缩略图、名称、注释说明和标签等。

9. "帮助"

"帮助"菜单包括的内容如图 1-24 所示，主要用于帮助用户解决遇到的问题，与其他软件中的"帮助"菜单功能相同，分别说明如下。

"Adobe Premiere Pro 帮助"：选择该命令，将打开"Adobe Community Help"对话框，如图 1-25 所示，在该对话框中，可以获取所需要的帮助信息。

图 1-24

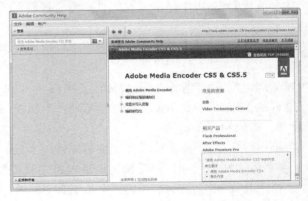

图 1-25

"Adobe Premiere Pro 支持中心"：联网获取"Adobe Premiere Pro CS5"的技术支持。

"Adobe 产品改进计划"：联网获取 Adobe 的产品升级信息。

"键盘"：选择该命令，可以在弹出的"Adobe Community Help"对话框中获取关于键盘快捷键的帮助信息。

"Product Registration"（注册）：在线注册软件。

"Deactivate"（在线支持）：选择该命令将打开 Adobe 的网站，以寻求帮助。

"Updates"（更新）：在线更新软件程序。

"关于 Adobe Premiere Pro"：显示 Premiere Pro CS5 的版本信息。

1.3 Premiere Pro CS5 基本操作

本节将详细介绍项目文件的操作（如新建项目文件、打开已有的项目文件）、对象的操作（如素材的导入、移动、删除和对齐等）。这些基本操作对后期的影视制作至关重要。

1.3.1　项目文件操作

在启动 Premiere Pro CS5 开始进行影视制作时，必须首先创建新的项目文件或打开已存在的项目文件，这是 Premiere Pro CS5 最基本的操作之一。

1. 新建项目文件

新建项目文件有两种方式：一种是启动 Premiere Pro CS5 时直接新建一个项目文件；另一种是在 Premiere Pro CS5 已经启动的情况下新建项目文件。

2. 在启动 Premiere Pro CS5 时新建项目文件

在启动 Premiere Pro CS5 时新建项目文件的具体操作步骤如下。

（1）选择"开始 > 所有程序 > Adobe Premiere Pro CS5"命令，或双击桌面上的 Adobe Premiere Pro CS5 快捷图标，弹出启动窗口，单击"新建项目"按钮 ，如图 1-26 所示。

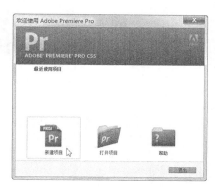

图 1-26

（2）弹出"新建项目"对话框，如图 1-27 所示。在"常规"选项卡中设置"活动与字幕安全区域"及视频、音频、采集项目名称，单击"位置"选项右侧的"浏览"按钮，在弹出的对话框中选择项目文件的保存路径。在"名称"选项的文本框中设置项目名称。

（3）单击"确定"按钮，弹出如图 1-28 所示的对话框。在"序列预设"选项区域中选择项目文件格式，如"DV-PAL"制式下的"标准 48kHz"，此时，在"预设描述"选项区域中将列出相应的项目信息。

（4）单击"确定"按钮，即可创建一个新的项目文件。

3. 利用菜单命令新建项目文件

如果 Premiere Pro CS5 已经启动，此时可利用菜单命令新建项目文件，具体操作如下。

选择"文件 > 新建 > 项目"命令，如图 1-29 所示，或按<Ctrl>+<Alt>+<N>组合键，在弹出的"新建项目"对话框中按照上述方法选择合适的设置，单击"确定"按钮即可。

图 1-27   图 1-28

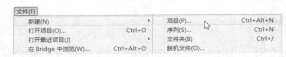

图 1-29

4. 打开已有的项目文件

要打开一个已存在的项目文件，可以使用如下 4 种方法。

（1）通过启动窗口打开项目文件。启动 Premiere Pro CS5，在弹出的启动窗口中单击"打开项目"按钮，如图 1-30 所示，在弹出的对话框中选择需要打开的项目文件，如图 1-31 所示，单击"打开"按钮，即可打开所选择的项目文件。

图 1-30   图 1-31

（2）通过启动窗口打开最近编辑过的项目文件。启动
Premiere Pro CS5，在弹出的启动窗口中的"最近使用项目"选项中单击需要打开的项目文件，如图 1-32 所示，即可打开最近保存过的项目文件。

（3）利用菜单命令打开项目文件。在 Premiere Pro
CS5 程序窗口中选择"文件 > 打开项目"命令，如图
1-33 所示，或按<Ctrl>+<O>组合键，在弹出的对话框中选择需要打开的项目文件，如图 1-34 所示，单击"打开"按钮，即可打开所选的项目文件。

图 1-32

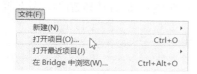

图 1-33　　　　　　　　　　　　　　　　　　　图 1-34

（4）利用菜单命令打开近期的项目文件。Premiere Pro CS5 会将近期打开过的文件保存在"文件"菜单中，选择"文件 > 打开最近项目"命令，在其子菜单中选择需要打开的项目文件，如图 1-35 所示，即可打开所选的项目文件。

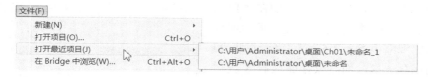

图 1-35

5．保存项目文件

文件的保存是文件编辑的重要环节。在 Premiere Pro CS5 中，以何种方式保存文件对文件以后的使用有直接的关系。

刚启动 Premiere Pro CS5 软件时，系统会提示用户先保存一个设置了参数的项目，因此，对于编辑过的项目，直接选择"文件 > 存储"命令或按<Ctrl>+<S>组合键，即可直接保存。另外，系统还会每隔一段时间自动保存一次。

除了这种方法外，Premiere Pro CS5 还提供了"存储为"和"存储副本"命令。

保存项目文件副本的具体操作步骤如下。

（1）选择"文件 > 存储为"命令（或按<Ctrl>+ <Shift >+<S>组合键），或者选择"文件 > 存储副本"命令（或按<Ctrl>+ <Alt>+<S>组合键），弹出"存储项目"对话框。

（2）在"保存在"选项的下拉列表中选择保存路径。

（3）在"文件名"选项的文本框中输入文件名。

（4）单击"保存"按钮，即可保存项目文件。

6．关闭项目文件

如果要关闭当前项目文件，选择"文件 > 关闭项目"命令即可。其中，如果对当前文件做了修改却尚未保存，系统将会弹出如图 1-36 所示的提示对话框，询问是否要保存对该项目文件所做的修改。单击"是"按钮，保存项目文件；单击"否"按钮，则不保存文件并直接退出。

图 1-36

1.3.2　撤销与恢复操作

通常情况下，一个完整的项目需要经过反复的调整、修改与比较，才能完成。因此，

Premiere Pro CS5 为用户提供了"撤销"与"重做"命令。

在编辑视频或音频时，如果用户的上一步操作是错误的，或对操作得到的效果不满意，可选择"编辑 > 撤销"命令撤销该操作，如果连续选择此命令，则可连续撤销前面的多步操作。

如果用户想取消撤销操作，可选择"编辑 > 重做"命令。例如，已删除一个素材，通过"撤销"命令撤销操作后即可恢复该素材，如果用户还想将这些素材片段删除，则选择"编辑 > 重做"命令即可。

1.3.3 设置自动保存

设置自动保存功能的具体操作步骤如下。

（1）选择"编辑 > 首选项 > 自动存储"命令，弹出"首选项"对话框，如图 1-37 所示。

（2）在"首选项"对话框的"自动存储"选项区域中，根据需要设置"自动存储间隔"及"最多项目存储数量"的数值，如在"自动存储间隔"文本框中输入"20"，在"最多项目存储数量"文本框中输入"5"，即表示每隔 20 分钟将自动保存一次，而且只存储最后 5 次存盘的项目文件。

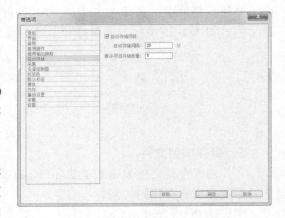

（3）设置完成后，单击"确定"按钮退出对话框，返回工作界面。这样，在以后的编辑过程中，系统就会按照设置的参数自动保存文件，用户就不必担心由于意外造成工作数据的丢失了。

图 1-37

1.3.4 自定义设置

Premiere Pro CS5 预置为影片剪辑人员提供了常用的 DV-NTSC 和 DV-PAL 设置。如果需要自定义项目设置，可在对话框中切换到"自定义设置"选项卡，并进行参数设置；如果在运行 Premiere Pro CS5 过程中需要改变项目设置，则需选择"项目 > 项目设置"命令。

在"常规"选项卡中，可以对影片的编辑模式、时间基数、视频和音频等基本指标进行设置，如图 1-38 所示。各选项说明如下。

"字幕安全区域"：可以设置字幕安全框的显示范围，以"帧大小"所设置数值的百分比进行计算。

"活动安全区域"：可以设置动作影像的安全框显示范围，以"帧大小"所设置数值的百分比进行计算。

"视频显示格式"：用于设置视频素材所要显示的格式信息。

"音频显示格式"：用于设置音频素材所要显示的格式信息。

图 1-38

"采集格式"：用于设置设备参数及采集方式。

1.3.5　导入素材

Premiere Pro CS5 支持大部分主流的视频、音频以及图像文件格式。一般的导入方式为选择"文件 > 导入"命令，在"导入"对话框中选择所需要的文件格式和文件，如图 1-39 所示。

1. 导入图层文件

以素材的方式导入图层的设置方法如下。选择"文件 > 导入"命令，在"导入"对话框中选择 Photoshop、Illustrator 等含有图层的文件格式，选择需要导入的文件，单击"打开"按钮，会弹出如图 1-40 所示的提示对话框。

图 1-39　　　　　　　　　　　　　　　　图 1-40

"导入分层文件"：设置 PSD 图层素材导入的方式，可选择"合并所有图层"、"合并图层"、"单层"或"序列"。

本例选择"序列"选项，如图 1-41 所示，单击"确定"按钮，在"项目"面板中会自动产生一个文件夹，其中包括序列文件和图层素材，如图 1-42 所示。

图 1-41　　　　　　　　　　　　　　　　图 1-42

以序列的方式导入图层后，会按照图层的排列方式自动产生一个序列，可以打开该序列并进行编辑。

2. 导入图片

序列文件是一种非常重要的源素材，它由若干幅按序排列的图片组成，用于记录活动影片，每幅图片代表 1 帧。通常可以在 3ds Max、After Effects 和 Combustion 软件中产生序列文件，然后再导入 Premiere Pro CS5 中使用。

序列文件以数字序号为序进行排列。当导入序列文件时，应在"首选项"对话框中设置图片的帧速率，也可以在导入序列文件后，在"解释素材"对话框中改变帧速率。导入序列文件的方法如下。

（1）在"项目"窗口的空白区域双击，弹出"导入"对话框，找到序列文件所在的目录，勾选"序列图像"复选框，如图 1-43 所示。

（2）单击"打开"按钮，导入素材。序列文件导入后的状态如图 1-44 所示。

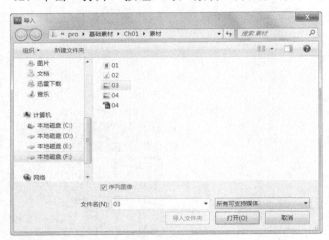

图 1-43

图 1-44

1.3.6　改变素材名称

在"项目"面板中的素材上单击鼠标右键，在弹出的快捷菜单中选择"重命名"命令，素材名称将处于可编辑状态，输入新名称即可，如图 1-45 所示。

图 1-45

剪辑人员可以为素材重命名，以改变它原来的名称，这在一部影片中重复使用一个素材或复制了一个素材并为之设定新的入点和出点时极其有用。为素材重命名有助于在"项目"面板和序列中观看一个复制的素材时避免混淆。

1.3.7　利用素材库组织素材

可以在"项目"面板中建立一个素材库（即素材文件夹）来管理素材。使用素材文件夹，可以将节目中的素材分门别类、有条不紊地组织起来，这在组织包含大量素材的复杂节目时特别有用。

单击"项目"窗口下方的"新建文件夹"按钮  ，会自动创建新文件夹，如图 1-46 所示，然后单击此按钮，可以返回到上一层级素材列表，依此类推。

图 1-46

1.4　Premiere Pro CS5 可输出的文件格式

在 Premiere Pro CS5 中可以输出多种文件格式，包括视频格式、音频格式、静态图像和序列图像等，下面进行详细介绍。

1.4.1　Premiere Pro CS5 可输出的视频格式

在 Premiere Pro CS5 中可以输出多种视频格式，常用的有以下几种。

（1）AVI：AVI 是 Audio Video Interleaved 的缩写，是 Windows 操作系统中使用的视频文件格式，它的优点是兼容性好、图像质量好、调用方便，缺点是文件较大。

（2）Animated GIF：GIF 是动画格式的文件，可以显示视频运动画面，但不包含音频部分。

（3）Fic/Fli：支持系统的静态画面或动画。

（4）Filmstrip：电影胶片（也称为幻灯片影片），但不包括音频部分。该类文件可以通过 Photoshop 等软件进行画面效果处理，然后再导入到 Premiere Pro CS5 中进行编辑输出。

（5）QuickTime：用于 Windows 和 Mac OS 系统上的视频文件，适合于网上下载。该文件格式是由 Apple 公司开发的。

（6）DVD：DVD 是使用 DVD 刻录机及 DVD 空白光盘刻录而成的。

（7）DV：DV 的全称是 Digital Video，是新一代数字录像带的规范，它具有体积小、时间长等优点。

1.4.2 Premiere Pro CS5 可输出的音频格式

在 Premiere Pro CS5 中可以输出多种音频格式，其主要输出的音频格式有以下几种。

（1）WMA：WMA 的全称是 Windows Media Audio。WMA 音频文件是一种压缩的离散文件或流式文件。它采用的压缩技术与 MP3 近似，但它并不削减大量的编码。WMA 最主要的优点是可以在较低的采样率下压缩出近于 CD 音质的音乐。

（2）MPEG：MPEG（动态图像专家组）创建于 1988 年，专门负责为 CD 建立视频和音频等相关标准。

（3）MP3：MP3 是 MPEG Audio Layer3 的简称，能够以高音质、低采样率对数字音频文件进行压缩。

此外，Premiere Pro CS5 还可以输出 DV AVI、Real Media 和 QuickTime 格式的音频。

1.4.3 Premiere Pro CS5 可输出的图像格式

在 Premiere Pro CS5 中可以输出多种图像格式，其主要输出的图像格式有以下几种。

（1）静态图像格式：Film Strip、FLC/FLI、Targa、TIFF 和 Windows Bitmap。

（2）序列图像格式：GIF Sequence、Targa Sequence 和 Windows Bitmap Sequence。

1.5 影片项目的预演

影片预演是视频编辑过程中对编辑效果进行检查的重要手段，它实际上也属于编辑工作的一部分。影片预演分为两种：一种是影片实时预演；另一种是生成影片预演。

1.5.1 影片实时预演

实时预演也称为实时预览，即平时所说的预览。进行影片实时预演的具体操作步骤如下。

（1）影片编辑制作完成后，在"时间线"面板中将时间标记移动到需要预演片段的开始位置，如图 1-47 所示。

（2）在"节目"监视器面板中单击"播放-停止切换（Space）"按钮 ，系统开始播放节目，在"节目"监视器面板中预览节目的最终效果，如图 1-48 所示。

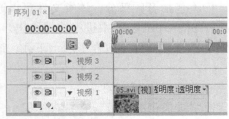

图 1-47 　　　　　　　　　　　　　　　　　图 1-48

1.5.2 生成影片预演

与实时预演不同的是，生成影片预演不是使用显卡对画面进行实时渲染，而是使用计算机的 CPU 对画面进行运算，先生成预演文件，然后再播放。因此，生成影片预演所需时间取决于计算机 CPU 的运算能力。生成预演播放的画面是平滑的，不会产生停顿或跳跃，所表现出来的画面效果和渲染输出的效果是完全一致的。生成影片预演的具体操作步骤如下。

（1）影片编辑制作完成后，在"时间线"面板中拖曳工具区范围条 的两端，以确定要生成影片预演的范围，如图 1-49 所示。

（2）选择"序列 > 渲染工作区域内的效果"命令，系统将开始进行渲染，并弹出"正在渲染"对话框显示渲染进度，如图 1-50 所示。

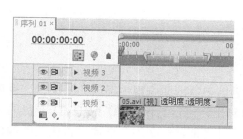

图 1-49

图 1-50

（3）在"正在渲染"对话框中单击"渲染详细信息"选项前面的按钮 ▶ ，展开此选项区域，可以查看渲染的时间和磁盘剩余空间等信息，如图 1-51 所示。

（4）渲染结束后，系统会自动播放该片段，在"时间线"面板中，预演部分将会显示绿色线条，其他部分则保持为红色线条，如图 1-52 所示。

图 1-51

图 1-52

（5）如果用户先设置了预演文件的保存路径，就可在计算机的硬盘中找到预演生成的临时文件，如图 1-53 所示。双击该文件，则可以脱离 Premiere Pro CS5 程序直接进行播放，如图 1-54 所示。

生成的预演文件可以重复使用，用户下一次预演该片段时会自动使用该预演文件。关闭该项目文件时，如果不进行保存，预演生成的临时文件就会被自动删除；如果用户在修改预演区域片段后再次预演，就会重新渲染并生成新的预演临时文件。

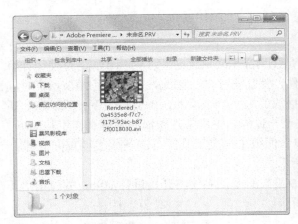

图 1-53

图 1-54

1.6 输出参数的设置

在 Premiere Pro CS5 中，既可以将影片输出为用于电影或电视中播放的录像带，也可以输出为通过网络传输的网络流媒体格式，还可以输出为可以制作 VCD 或 DVD 光盘的 AVI 文件等。但是，无论输出的是何种类型，在输出文件之前，都必须合理地设置相关的输出参数，使输出的影片达到理想的效果。本节以输出 AVI 格式为例，介绍输出前的参数设置方法。其他格式类型的输出设置与此类型基本相同。

1.6.1 输出选项

影片制作完成后即可输出，在输出影片之前，需要设置一些基本参数，其具体操作步骤如下。

（1）在"时间线"面板中选择需要输出的视频序列，然后选择"文件 > 导出 > 媒体"命令，在弹出的对话框中进行设置，如图 1-55 所示。

图 1-55

（2）在对话框右侧的选项区域中设置文件的格式以及输出区域等选项。

1. 文件类型

用户可以将输出的数字电影设置为不同的格式，以便适应不同的需要。在"格式"选项的下拉列表中，可以输出的媒体格式如图 1-56 所示。

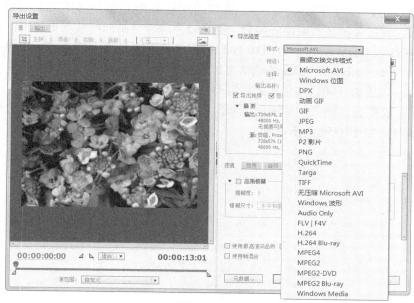

图 1-56

在 Premiere Pro CS5 中默认的输出文件类型或格式主要有以下几种。

（1）如果要输出为基于 Windows 操作系统的数字电影，则选择"Microsoft AVI"（Windows 视频格式）选项。

（2）如果要输出为基于 Mac 操作系统的数字电影，则选择"QuickTime"（MAC 视频格式）选项。

（3）如果要输出 GIF 动画，则选择"Animated GIF"选项，即输出的文件连续存储了视频的每一帧，这种格式支持在网页上以动画形式显示，但不支持声音播放。若选择"GIF"选项，则只能输出为单帧的静态图像序列。

（4）如果只是输出为 WMA 格式的影片声音文件，则选择"Windows Waveform"选项。

2. 输出视频

勾选"导出视频"复选框，可输出整个编辑项目的视频部分；若取消选择，则不能输出视频部分。

3. 输出音频

勾选"导出音频"复选框，可输出整个编辑项目的音频部分；若取消选择，则不能输出音频部分。

1.6.2 "视频"选项区域

在"视频"选项区域中，可以为输出的视频指定使用的格式、品质以及影片尺寸等相关的选项参数，如图 1-57 所示。

"视频"选项区域中各主要选项的含义如下。

"视频编解码器":通常视频文件的数据量很大,为了减少视频文件所占的磁盘空间,输出时可以对文件进行压缩。在该选项的下拉列表中可以选择需要的压缩方式,如图 1-58 所示。

"品质":设置影片的压缩品质,通过拖动品质的百分比滑块来设置。

"宽度" / "高度":设置影片的尺寸。我国通常使用 PAL 制,选择 720×576 即可。

"帧速率":设置每秒播放画面的帧数。提高帧速度会使画面播放得更流畅。如果将文件类型设置为 Microsoft DV AVI,那么 DV PAL 对应的帧速率是固定的 29.97 和 25;如果将文件类型设置为 Microsoft AVI,那么帧速率可以选择 1~60 的任意数值。

"场类型":设置影片的场扫描方式,共有上场、下场和无场 3 种方式。

"纵横比":设置视频制式的画面比。单击该选项右侧的按钮,在弹出的下拉列表中选择需要的选项即可,如图 1-59 所示。

图 1-57

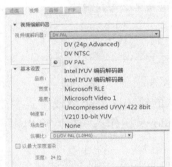

图 1-58

图 1-59

1.6.3 "音频"选项区域

在"音频"选项区域中,可以为输出的音频指定使用的压缩方式、采样速率以及量化指标等相关的选项参数,如图 1-60 所示。

"音频"选项区域中各主要选项的含义如下。

"音频编码":为输出的音频选择合适的压缩方式进行压缩。Premiere Pro CS5 默认的选项是"无压缩"。

"采样率":设置输出节目音频时所使用的采样速率,如图 1-61 所示。采样速率越高,播放质量越好,但所需的磁盘空间越大,占用的处理时间越长。

"采样类型":设置输出节目音频时所使用的声音量化倍数,最高为 32 位。一般情况下,要获得较好的音频质量,就要使用较高的量化位数,如图 1-62 所示。

"声道":在该选项的下拉列表中可以为音频选择单声道或立体声。

图 1-60

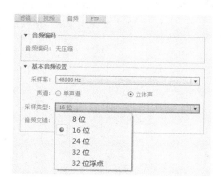

图 1-61　　　　　　　　　　　　　　　　　　图 1-62

1.7　渲染输出各种格式文件

Premiere Pro CS5 可以渲染输出多种格式文件，从而使视频剪辑更加方便、灵活。本节重点介绍各种常用格式文件的渲染输出方法。

1.7.1　输出单帧图像

在视频编辑中，可以将画面的某一帧输出，以便为视频动画制作定格效果。Premiere Pro CS5 中输出单帧图像的具体操作步骤如下。

（1）在 Premiere Pro CS5 的时间线上添加一段视频文件，选择"文件 > 导出 > 媒体"命令，弹出"导出设置"对话框，在"格式"选项的下拉列表中选择"TIFF"选项，在"预设"选项的下拉列表中选择"PAL TIFF"选项，在"输出名称"文本框中输入文件名并设置文件的保存路径，勾选"导出视频"复选框，其他参数保持默认状态，如图 1-63 所示。

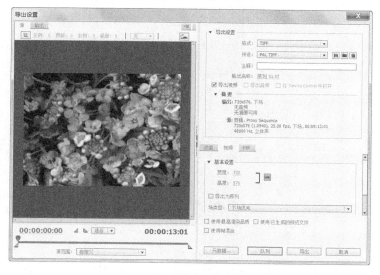

图 1-63

（2）单击"队列"按钮，打开"Adobe Media Encoder"窗口，然后单击右侧的"开始队列"按钮渲染输出视频,如图 1-64 所示。

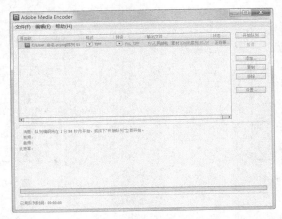

图 1-64

输出单帧图像时,最关键的是时间指针的定位,它决定了单帧输出时的图像内容。

1.7.2 输出音频文件

Premiere Pro CS5 可以将影片中的一段声音或影片中的歌曲制作成音频文件。输出音频文件的具体操作步骤如下。

(1)在 Premiere Pro CS5 的时间线上添加一个有声音的视频文件,或打开一个有声音的项目文件,选择"文件 > 导出 > 媒体"命令,弹出"导出设置"对话框,在"格式"选项的下拉列表中选择"MP3"选项,在"预设"选项的下拉列表中选择"MP3 128kbps"选项,在"输出名称"文本框中输入文件名并设置文件的保存路径,勾选"导出音频"复选框,其他参数保持默认状态,如图 1-65 所示。

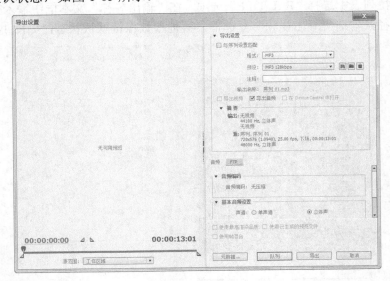

图 1-65

(2)单击"队列"按钮,打开"Adobe Media Encoder"窗口,然后单击右侧的"开始队列"按钮渲染输出音频,如图 1-66 所示。

图 1-66

1.7.3　输出整个影片

输出影片是 Premiere 最常用的输出方式。它将编辑完成的项目文件以视频格式输出，可以选择输出编辑内容的全部或者某一部分，也可以只输出视频内容或者只输出音频内容，一般将全部的视频和音频一起输出。

下面以 Microsoft AVI 格式为例来介绍输出影片的方法，其具体操作步骤如下。

（1）选择"文件 > 导出 > 媒体"命令，弹出"导出设置"对话框。

（2）在"格式"选项的下拉列表中选择"Microsoft AVI"选项。

（3）在"预设"选项的下拉列表中选择"PAL DV"选项，如图 1-67 所示。

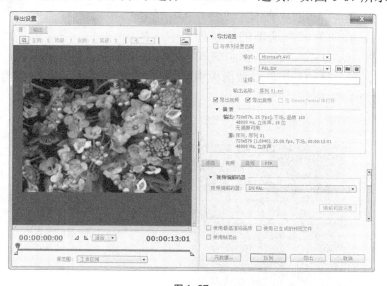

图 1-67

（4）在"输出名称"文本框中输入文件名并设置文件的保存路径，然后勾选"导出视频"复选框和"导出音频"复选框。

（5）设置完成后，单击"队列"按钮，打开"Adobe Media Encoder"窗口，单击右侧的"开始队列"按钮渲染输出视频，如图 1-68 所示。渲染完成后，即可按照设置生成 AVI 格式影片。

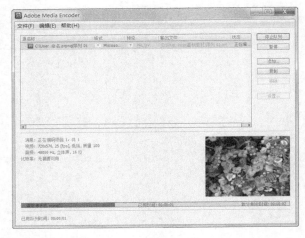

图 1-68

1.7.4 输出静态图片序列

在 Premiere Pro CS5 中，可以将视频输出为静态图片序列。也就是说，可以将视频画面的每一帧都输出为一张静态图片，这一系列图片中的每一张都具有一个自动编号。这些输出的序列图片可用于 3D 软件中的动态贴图，并且可以移动和存储。

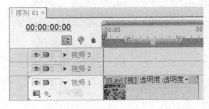

图 1-69

输出图片序列的具体操作步骤如下。

（1）在 Premiere Pro CS5 的时间线上添加一段视频文件，设定只输出视频的一部分内容，如图 1-69 所示。

（2）选择"文件 > 导出 > 媒体"命令，弹出"导出设置"对话框，在"格式"选项的下拉列表中选择"TIFF"选项，在"输出名称"文本框中输入文件名并设置文件的保存路径，然后勾选"导出视频"复选框，在"视频"扩展参数面板中必须勾选"导出为序列"复选框，其他参数保持默认状态，如图 1-70 所示。

图 1-70

（3）单击"队列"按钮，打开"Adobe Media Encoder"窗口，单击右侧的"开始队列"

按钮渲染输出视频，如图 1-71 所示。输出完成后的静态图片序列文件如图 1-72 所示。

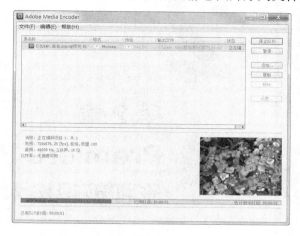

图 1-71

图 1-72

2 Chapter

第 2 章
Premiere Pro CS5
影视剪辑技术

本章主要对 Premiere Pro CS5 中剪辑影片的基本技术和操作进行详细介绍，其中包括使用 Premiere Pro CS5 剪辑素材、使用 Premiere Pro CS5 分离素材、使用 Premiere Pro CS5 创建新元素等。通过本章的学习，读者可以掌握剪辑影片的方法和应用技巧。

课堂学习目标
- 使用 Premiere Pro CS5 剪辑素材
- 使用 Premiere Pro CS5 分离素材
- 使用 Premiere Pro CS5 创建新元素

2.1 使用 Premiere Pro CS5 剪辑素材

在 Premiere Pro CS5 中的编辑过程是非线性的，可以在任何时候插入、复制、替换、传递和删除素材片段，还可以采取各种各样的顺序和效果进行试验，并在合成最终影片或输出到磁带前进行预演。

用户在 Premiere Pro CS5 中可以使用监视器面板和"时间线"面板编辑素材。监视器面板用于观看素材和完成的影片，设置素材的入点、出点等；"时间线"面板用于建立序列、安排素材、分离素材、插入素材、合成素材和混合音频等。在使用监视器面板和"时间线"面板编辑影片时，同时还会使用一些相关的其他窗口和面板。

一般情况下，Premiere Pro CS5 会从头至尾播放一个音频素材或视频素材。用户可以使用剪辑面板或监视器面板来改变一个素材的开始帧和结束帧，或改变静止图像素材的长度。Premiere Pro CS5 中的监视器面板可以对原始素材和序列进行剪辑。

2.1.1　认识监视器面板

在监视器面板中有两个监视器："源"监视器与"节目"监视器，分别用来显示素材与作品在编辑时的状况。监视器窗口如图 2-1 所示，左边为"源"监视器，用来显示和设置节目中的素材；右边为"节目"监视器，用来显示和设置序列。

在"源"监视器中，单击上方的标题栏或黑色三角按钮，将会弹出下拉列表，列表中提供了已经调入"时间线"面板中的素材序列表。通过它可以更加快速方便地浏览素材的基本情况，如图 2-2 所示。

图 2-1

图 2-2

用户可以在"源"监视器和"节目"监视器中设置安全区域，这对输出为电视机播放的影片非常有用。

电视机在播放视频图像时，屏幕的边缘会切除部分图像，这种现象叫做"溢出扫描"。不同的电视机溢出的扫描量不同，所以要把图像的重要部分放在安全区域内。在制作影片时，需要将重要的场景元素、演员、图表放在运动安全区域内；将标题、字幕放在标题安全区域内。如图 2-3 所示，位于工作区域外侧的方框为运动安全区域，位于内侧的方框为标题安全区域。

单击"源"监视器或"节目"监视器下方的"安全框"按钮

图 2-3

⊞，可以显示或隐藏监视器窗口中的安全区域。

2.1.2 在"源"监视器面板中播放素材

无论是已经导入节目的素材，还是使用打开命令观看的素材，系统都会将其自动打开在素材面板中。用户可以在素材面板中播放和观看素材。

如果使用 DV 设备进行编辑，可以单击"节目"面板右上方的按钮 ，在弹出的列表中选择"回放设置"选项，弹出"回放设置"对话框，如图 2-4 所示。建议把重放时间设置为 DV 硬件支持方式，这样可以加快编辑的速度。

在"项目"和"时间线"面板中双击要观看的素材，素材都会自动显示在"源"监视器中。使用窗口下方的工具栏可以对素材进行播放控制，以便查看剪辑，如图 2-5 所示。

图 2-4

图 2-5

当时间标记 所对应的监视器处于被激活状态时，其上显示的时间将会从灰色转变为蓝色。

在不同的时间编码模式下，时间数字的显示模式会有所不同。如果是"无掉帧"模式，各时间单位之间用冒号分隔；如果是"掉帧"模式，各时间单位之间用分号分隔；如果选择"帧"模式，时间单位就显示为帧数。

在时间显示的区域中单击，可以从键盘上直接输入数值来改变时间显示，影片会自动跳到输入的时间位置。

如果输入的时间数值之间无间隔符号，如"1234"，则 Premiere Pro CS5 会自动将其识别为帧数，并根据所选用的时间编码，将其换算为相应的时间。

窗口右侧的持续时间计数器显示了影片入点与出点间的长度，即影片的持续时间，显示为黑色。

缩放列表在"源"监视器窗口或"节目"监视器窗口的正下方，可用来改变窗口中影片的大小，如图 2-6 所示。可以通过放大或缩小影片进行观察，当选择"适合"选项时，无论窗口大小，影片都会匹配视窗，完全显示影片内容。

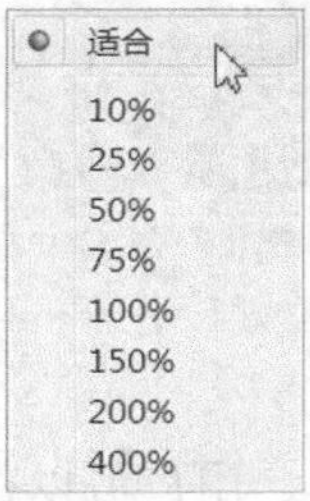

图 2-6

2.1.3 剪裁素材

剪辑可以增加或删除帧，用以改变素材的长度。素材开始帧的位置被称为入点，素材结束帧的位置被称为出点。用户可以在"源"监视器面板和"时间线"面板中剪裁素材。

1. 在"源"监视器面板中剪裁素材

在"源"监视器面板中改变入点和出点的方法如下。

（1）在"项目"面板中双击要设置入点和出点的素材，将其在"源"监视器面板中打开。

（2）在"源"监视器面板中拖动时间标记🛑或按<空格>键，找到要使用片段的开始位置。

（3）单击"源"监视器面板下方的"设置入点"按钮或按<I>键，"源"监视器面板中显示当前素材入点画面，"素材"监视器面板右上方显示入点标记，如图 2-7 所示。

（4）继续播放影片，找到使用片段的结束位置。单击"源"监视器面板下方的"设置出点"按钮或按<O>键，面板下方显示当前素材出点。入点和出点间显示为深色，两点之间的片段即入点与出点间的素材片段，如图 2-8 所示。

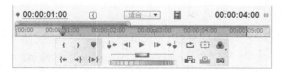

图 2-7

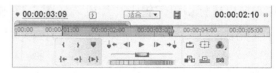

图 2-8

（5）单击"跳转到入点"按钮，可以自动跳到影片的入点位置。单击"跳转到出点"按钮，可以自动跳到影片的出点位置。

当要求声音严格同步时，用户可以为音频素材设置高精度的入点。音频素材的入点可以使用高达 1/600s 的精度来调节。对于音频素材，入点和出点指示器出现在波形图相应的点处，如图 2-9 所示。

当用户将一个同时含有影像和声音的素材拖曳入"时间线"窗口时，该素材的音频部分和视频部分会被分别放到相应的轨道中。

用户在为素材设置入点和出点时，对素材的音频和视频部分同时有效，也可以为素材的视频和音频部分单独设置入点和出点。

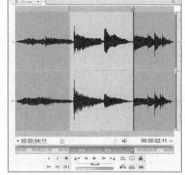

图 2-9

为素材的视频部分或音频部分单独设置入点和出点的方法如下。

（1）在"源"监视器面板中选择要设置入点和出点的素材。

（2）播放影片，找到所要使用片段的开始位置或结束位置。

（3）在时间标记🛑上单击鼠标右键，在弹出的快捷菜单中选择"设置素材标记"命令，如图 2-10 所示。

（4）在弹出的子菜单中分别设置链接素材的入点和出点，在"源"监视器面板和"时间线"面板中的设置效果分别如图 2-11 和图 2-12 所示。

图 2-10

图 2-11

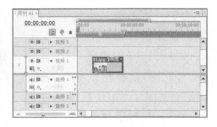

图 2-12

2. 在"时间线"面板中剪辑素材

Premiere Pro CS5 提供了 4 种编辑片段的工具，分别是"轨道选择"工具、"滑动"工具、"错落"工具和"滚动编辑"工具。下面介绍如何应用这些编辑工具。

"轨道选择"工具可以调整一个片段在其轨道中的持续时间，而不会影响其他片段的持续时间，但会影响到整个节目的时间。具体操作步骤如下。

（1）选择"轨道选择"工具，在"时间线"窗口中单击需要编辑的某一个片段。

（2）将鼠标指针移动到两个片段的"出点"与"入点"相接处，即两个片段的连接处，左右拖曳鼠标即可编辑影片片段，如图 2-13 和图 2-14 所示。

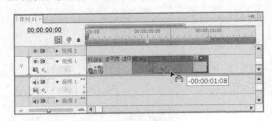
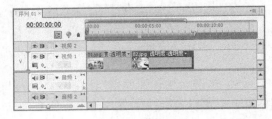

图 2-13   图 2-14

（3）释放鼠标后，该片段的持续时间被调整，轨道上的其他片段持续时间不会变，但整个节目所持续的时间随着调整片段的增加或缩短而发生了相应的变化。

"滑动"工具可以使两个片段的入点与出点发生本质上的位移，并不影响片段持续时间与节目的整体持续时间，但会影响编辑片段之前或之后的持续时间，使得前面或后面的影片片段出点与入点发生改变。具体操作步骤如下。

（1）选择"滑动"工具，在"时间线"面板中单击需要编辑的某一个片段。

（2）将鼠标指针移动到两个片段的结合处，当鼠标指针呈形状时，左右拖曳鼠标对片段进行编辑，如图 2-15 和图 2-16 所示。

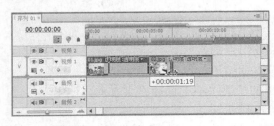
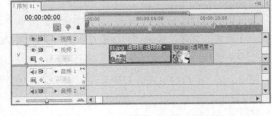

图 2-15   图 2-16

（3）在拖曳过程中，监视器面板中将会显示被调整片段的出点与入点以及未被编辑的出点与入点。

使用"错落"工具编辑影片片段时，会更改片段的入点与出点，但它的持续时间不会改变，并不会影响其他片段的入点时间、出点时间，节目总的持续时间也不会发生任何改变。具体操作步骤如下。

（1）选择"错落"工具，在"时间线"面板中单击需要编辑的某一个片段。

（2）将鼠标指针移动到两个片段的结合处，当鼠标指针呈形状时，左右拖曳鼠标对片段进行编辑，如图 2-17 所示。

（3）在拖曳鼠标时，监视器面板中将会依次显示上一片段的出点和后一片段的入点，同时显示画面帧数，如图 2-18 所示。

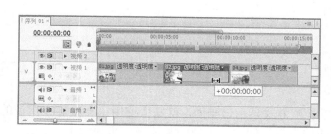

图 2-17　　　　　　　　　　　　　　　　　　　　图 2-18

使用"滚动编辑"工具 编辑影片片段时，片段时间的增长或缩短会由其相接片段进行替补。在编辑过程中，整个节目的持续时间不会发生任何改变，但是会影响其轨道上的片段在时间轨中的位置。具体操作步骤如下。

（1）选择"滚动编辑"工具，在"时间线"面板中单击需要编辑的某一个片段。

（2）将鼠标指针移动到两个片段的结合处，当鼠标指针呈 形状时，左右拖曳鼠标进行编辑，如图 2-19 所示。

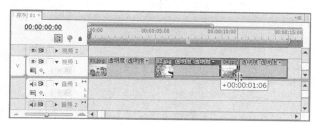

图 2-19

（3）释放鼠标后，被修整片段的帧的增加或减少会引起相邻片段的变化，但整个节目的持续时间不会发生任何改变。

3．导出单帧

单击"节目"监视器面板下方的"导出单帧"按钮，弹出"导出单帧"对话框，在"名称"文本框中输入文件名称，在"格式"选项中选择文件格式，在"路径"选项中选择保存文件的路径，如图 2-20 所示。设置完成后，单击"确定"按钮，即可导出当前时间线上的单帧图像。

4．改变影片的速度

在 Premiere Pro CS5 中，用户可以根据需求随意更改片段的播放速度，具体操作步骤如下。

（1）在"时间线"面板中的某一个文件上单击鼠标右键，在弹出的快捷菜单中选择"速度/持续时间"命令，弹出如图 2-21 所示的对话框。对话框中各选项作用如下。

"速度"：在此设置播放速度的百分比，以此决定影片的播放速度。

"持续时间"：单击选项右侧的时间码，当时间码变为图 2-22 所示状态时，在此导入时间值。时间值越大，影片的播放速度越慢；时间值越小，影片的播放速度越快。

"倒放速度"：勾选此复选框，影片片段将向反方向播放。

"保持音调不变"：勾选此复选框，可保持影片片段的音频播放速度不变。

（2）设置完成后，单击"确定"按钮完成更改持续时间，并返回到主页面。

图 2-20 图 2-21 图 2-22

5. 创建静止帧

冻结片段中的某一帧后，将会以静帧方式显示该画面，就好像使用了一张静止图像的效果，被冻结的帧可以是片段开始点或结束点。创建静止帧的具体操作步骤如下。

（1）单击"时间线"面板中的某一段影片片段。

（2）移动时间轨中的编辑线到需要冻结的某一帧画面上。

（3）在时间标记 上单击鼠标右键，在弹出的列表中选择"设置序列标记 > 其他编号"命令，弹出如图 2-23 所示的对话框，在该对话框中可设置标记码的编号。

（4）确保片段仍处于选中状态，选择"素材 > 视频选项 >帧定格"命令，弹出如图 2-24 所示的对话框。

（5）在"帧定格选项"对话框中勾选"定格在"复选框，在右侧的下拉列表中选择实施的对象编号，如图 2-25 所示。

图 2-23 图 2-24 图 2-25

（6）如果该帧已经使用了视频滤镜效果，则勾选"帧定格选项"对话框中的"定格滤镜"复选框，使冻结的帧画面依然保持使用滤镜后的效果。

（7）如果该帧含有交错场的视频，则勾选"反交错"复选框，以避免画面发生抖动的现象。

（8）单击"确定"按钮，完成静止帧的创建。

6. 在"时间线"面板中粘贴素材

Premiere Pro CS5 提供了标准的 Windows 编辑命令，可用于剪切、复制和粘贴素材，这些命令都在"编辑"菜单命令下。

使用"粘贴插入"命令的具体操作步骤如下。

（1）选择素材，然后选择"编辑 > 复制"命令。

（2）在"时间线"窗口中将时间标记 移动到需要粘贴素材的位置，如图 2-26 所示。

（3）选择"编辑 > 粘贴插入"命令，复制的影片即被粘贴到时间标记 位置，其后的影片等距离后退，如图 2-27 所示。

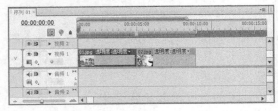

图 2-26 图 2-27

"粘贴属性"即粘贴一个素材的属性（包括滤镜效果、运动设定及不透明度设定等）到另一个素材上。

7. 场设置

使用视频素材时，会遇到交错视频场的问题，它会严重影响最后的合成质量。根据视频格式、采集和回放设备的不同，场的优先顺序也是不同的。如果场顺序反转，运动会僵持和闪烁。在编辑中如果改变片段的速度、输出胶片带、反向播放片段或冻结视频帧，都有可能遇到场处理问题。所以，正确的场设置在视频编辑中非常重要。

在选择场顺序后，应该播放影片，观察影片是否能够平滑地进行播放，如果出现了跳动的现象，则说明场的顺序是错误的。

对于采集或上载的视频素材，一般情况下都要对其进行场分离设置。另外，如果要将计算机中完成的影片输出到用于电视监视器播放的领域，在输出前也要对场进行设置，这是因为输出到电视机的影片是要具有场的。用户也可以为没有场的影片添加场，如使用三维动画软件输出的影片，可以在输出前添加场，用户可以在渲染设置中进行设置。

一般情况下，在新建节目时就要指定正确的场顺序，这里的顺序一般要按照影片的输出设备来设置。在"新建序列"对话框中选择"常规"选项，在"场"下拉列表中指定编辑影片所使用的场方式，如图 2-28 所示。在编辑交错场时，要根据相关的视频硬件显示奇偶场的顺序，选择"上场优先"或者"下场优先"选项。输入影片时，也有类似的选项设置。

如果在编辑过程中得到的素材场顺序有所不同，则必须使其统一，并符合编辑输出的场设置。调整方法是，在"时间线"面板中的素材上单击鼠标右键，在弹出的快捷菜单中选择"场选项"命令，在弹出的"场选项"对话框中进行设置，如图 2-29 所示。

图 2-28

图 2-29

各选项的作用分别如下。

"交换场序"：如果素材场顺序与视频采集卡顺序相反，则需勾选此复选框。

"无"：不处理素材场控制。

"交错相邻帧"：将非交错场转换为交错场。

"总是反交错"：将交错场转换为非交错场。

"消除闪烁"：该选项用于消除细水平线的闪烁。当该选项没有被选择时，一条只有一个像素的水平线只在两场中的其中一场出现，在回放时会导致闪烁；选择该选项，将使扫描线的百分值增加或降低，以混合扫描线，使一个像素的扫描线在视频的两场中都出现。Premiere Pro CS5 播出字幕时，一般都要将该项选中。

8. 删除素材

如果用户决定不使用"时间线"面板中的某个素材片段，则可以在"时间线"面板中将其删除。从"时间线"面板中删除的素材并不会在"项目"面板中删除。当用户删除一个已经运用于"时间线"面板的素材后，在"时间线"面板轨道上的该素材处将留下空位。用户也可以选择"波纹删除"，将该素材轨道上的内容向左移动，覆盖被删除的素材留下的空位。

删除素材的方法如下。

（1）在"时间线"面板中选择一个或多个素材。

（2）按<Delete>键或选择"编辑 > 清除"命令。

波纹删除素材的方法如下。

（1）在"时间线"面板中选择一个或多个素材。

（2）如果不希望其他轨道的素材移动，可以锁定该轨道。

（3）在素材上单击鼠标右键，在弹出的快捷菜单中选择"波纹删除"命令。

2.1.4 课堂案例——自然景观

【案例学习目标】学习导入视频文件。

【案例知识要点】使用"导入"命令导入视频文件；使用"位置"、"缩放比例"选项编辑视频文件的位置与大小；使用"交叉叠化"命令制作视频之间的转场效果。自然景观效果如图 2-30 所示。

【效果所在位置】光盘/Ch02/自然景观.prproj。

1. 编辑视频文件

（1）启动 Premiere Pro CS5 软件，弹出"欢迎使用 Adobe Premiere Pro"界面，单击"新建项目"按钮 ，弹出"新建项目"对话框，设置"位置"选项，选择保存文件的路径，在"名称"文本框中输入文件名"自然景观"，如图

图 2-30

2-31 所示。单击"确定"按钮，弹出"新建序列"对话框，在左侧的列表中展开"DV-PAL"选项，选中"标准 48kHz"模式，如图 2-32 所示，单击"确定"按钮。

图 2-31   图 2-32

（2）选择"文件 > 导入"命令，弹出"导入"对话框，选择光盘中的"Ch02/自然景观/素材/ 01、02、03、04 和 05"文件，单击"打开"按钮，导入视频文件，如图 2-33 所示。导入后的文件排列在"项目"面板中，如图 2-34 所示。

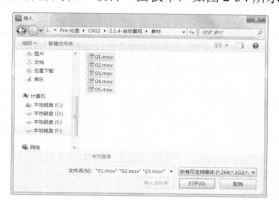

图 2-33　　　　　　　　　　　　　　　　　　　　　图 2-34

（3）在"项目"面板中，选中"01"文件并将其拖曳到"时间线"面板中的"视频 1"轨道中，如图 2-35 所示。将时间指示器放置在 06:03s 的位置，在"视频 1"轨道上选中"01"文件，将鼠标指针放在"01"文件的尾部，当鼠标指针呈 状时，向前拖曳鼠标到 06:03s 的位置，如图 2-36 所示。

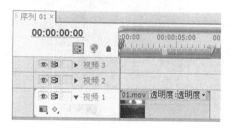

图 2-35　　　　　　　　　　　　　　　　　　　　　图 2-36

（4）将时间指示器放置在 0s 的位置，选择"特效控制台"面板，展开"运动"选项，将"缩放比例"选项设置为 120.0，如图 2-37 所示。在"节目"窗口中预览效果，如图 2-38 所示。

图 2-37　　　　　　　　　　　　　　　　　　　　　图 2-38

（5）在"项目"面板中选中"02"文件并将其拖曳到"时间线"面板中的"视频 1"轨道中，如图 2-39 所示。将时间指示器放置在 06:03s 的位置，选择"特效控制台"面板，展开"运动"选项,将"缩放比例"选项设置为 120.0,单击"缩放比例"选项前面的"切换动画"按钮◎,如图 2-40 所示,记录第 1 个动画关键帧。将时间指示器放置在 11:04s 的位置,将"缩放比例"选项设置为 140.0,如图 2-41 所示,记录第 2 个动画关键帧。在"节目"面板中预览效果,如图 2-42 所示。

图 2-39

图 2-40

图 2-41

图 2-42

(6)在"项目"面板中选中"03"文件并将其拖曳到"时间线"面板中的"视频 1"轨道中,如图 2-43 所示。将时间指示器放置在 18:00s 的位置,在"视频 1"轨道上选中"03"文件,将鼠标指针放在"03"文件的尾部,当鼠标指针呈➕状时,向前拖曳鼠标到 18:00s 的位置,如图 2-44 所示。

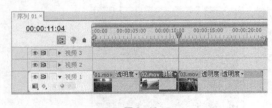

图 2-43

图 2-44

(7)将时间指示器放置在 11:05s 的位置,选择"特效控制台"面板,展开"运动"选项,将"缩放比例"选项设置为 120.0,如图 2-45 所示。在"节目"面板中预览效果,如图 2-46 所示。

(8)在"项目"面板中选中"04"文件并将其拖曳到"时间线"面板中的"视频 1"轨道中,如图 2-47 所示。将时间指示器放置在 24s 的位置,在"视频 1"轨道上选中"04"文件,将鼠标指针放在"04"文件的尾部,当鼠标指针呈➕状时,向前拖曳鼠标到 24s 的位置,如图 2-48 所示。

图 2-45

图 2-46

图 2-47

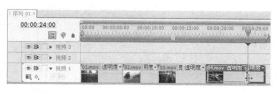

图 2-48

（9）选择"特效控制台"面板，展开"运动"选项，将"缩放比例"选项设置为 120.0，如图 2-49 所示。

（10）在"项目"面板中选中"05"文件并将其拖曳到"时间线"面板中的"视频 1"轨道中，如图 2-50 所示。将时间指示器放置在 28s 的位置，在"视频 1"轨道上选中"05"文件，将鼠标指针放在"05"文件的尾部，当鼠标指针呈 ↔ 状时，向前拖曳鼠标到 28s 的位置，如图 2-51 所示。选择"特效控制台"面板，展开"运动"选项，将"缩放比例"选项设置为 120.0。

图 2-49

图 2-50

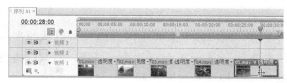

图 2-51

2．制作视频转场效果

（1）选择"窗口 > 效果"命令，弹出"效果"面板，展开"视频切换"特效分类选项，单击"叠化"文件夹前面的三角形按钮 ▶ 将其展开，选中"交叉叠化"特效，如图 2-52 所示。将"交叉叠化"特效拖曳到"时间线"面板中的"01"文件的结尾处和"02"文件的开始位置，如图 2-53 所示。

（2）选择"效果"面板，选中"交叉叠化"特效并将其拖曳到"时间线"面板中的"02"文件的结尾处与"03"文件的开始位置，如图 2-54 所示。选中"交叉叠化"特效，分别将其拖曳到"时间线"面板中的"04"文件的开始位置和"05"文件的开始位置，如图 2-55 所示。自然景观影片制作完成，如图 2-56 所示。

图 2-52

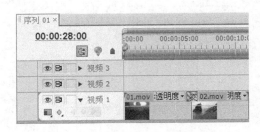

图 2-53

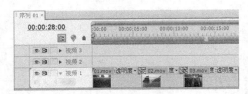

图 2-54

图 2-55

图 2-56

2.2 使用 Premiere Pro CS5 分离素材

在"时间线"面板中可以将一个单独的素材切割成为两个或更多单独的素材，也可以使用插入工具进行 3 点或者 4 点编辑，还可以将链接素材的音频或视频部分分离，或者将分离的音频和视频素材链接起来。

2.2.1 切割素材

在 Premiere Pro CS5 中，当素材被添加到"时间线"面板中的轨道后，必须对此素材进行分割才能进行后面的操作，可以应用工具箱中的"剃刀"工具完成素材切割。具体操作步骤如下。

（1）选择"剃刀"工具 。

（2）将鼠标指针移到需要切割影片片段的"时间线"面板中的某一素材上并单击，该素材即被切割为两个素材，每一个素材都有独立的长度以及入点与出点，如图 2-57 所示。

（3）如果要将多个轨道上的素材在同一点分割，则同时按住<Shift>键，鼠标指针会变成多重刀片形状，单击后，轨道上所有未锁定的素材都在该位置被分割为两段，如图 2-58 所示。

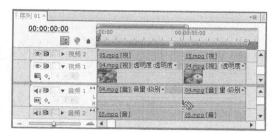

图 2-57　　　　　　　　　　　　　　　　　图 2-58

2.2.2　插入和覆盖编辑

用户可以选择插入和覆盖编辑，将"源"监视器面板或者"项目"面板中的素材插入到"时间线"面板中。插入素材时，可以锁定其他轨道上的素材或切换效果，以免引起不必要的变动。锁定轨道非常有用，如可以在影片中插入一个视频素材而不改变音频轨道。

"插入"按钮 和"覆盖"按钮 可以将"源"监视器面板中的片段直接置入"时间线"面板中的时间标记 位置的当前轨道中。

1.　插入编辑

使用插入工具插入片段时，凡是处于时间标记 之后（包括部分处于时间标记 之后）的素材都会向后推移。如果时间标记 位于轨道中的素材之上，插入新的素材会把原有素材分为两段，直接插入其中，原有素材的后半部分将会向后推移，接在新素材之后。使用插入工具插入素材的具体操作步骤如下。

（1）在"源"监视器面板中选中要插入"时间线"面板中的素材并为其设置入点和出点。

（2）在"时间线"面板中将时间标记 移动到需要插入素材的时间点，如图 2-59 所示。

（3）单击"源"监视器面板下方的"插入"按钮 ，将选择的素材插入"时间线"面板中，插入的新素材会直接插入其中，并把原有素材分为两段，原有素材的后半部分将会向后推移，接在新素材之后，效果如图 2-60 所示。

图 2-59　　　　　　　　　　　　　　　　　图 2-60

2.　覆盖编辑

使用覆盖工具插入素材的具体操作步骤如下。

（1）在"源"监视器面板中选中要插入"时间线"面板中的素材并为其设置入点和出点。

（2）在"时间线"面板中将时间标记 移动到需要插入素材的时间点，如图 2-61 所示。

（3）单击"源"监视器面板下方的"覆盖"按钮 ，将选择的素材插入"时间线"面板中，加入的新素材从时间标记 处开始将覆盖原有素材段的视频，如图 2-62 所示。

图 2-61   图 2-62

2.2.3 分离和链接素材

为素材建立链接的具体操作步骤如下。

（1）在"时间线"面板中框选要进行链接的视频和音频片段。

（2）单击鼠标右键，在弹出的快捷菜单中选择"链接视频和音频"命令，所选择的视频和音频片段就会被链接在一起。

分离素材的具体操作步骤如下。

（1）在"时间线"面板中选择视频链接素材。

（2）单击鼠标右键，在弹出的快捷菜单中选择"解除视音频链接"命令，即可分离素材的音频和视频部分。

链接在一起的素材被断开后，分别移动音频和视频部分使其错位，然后再链接在一起，系统会在片段上标记警告并标识错位的时间，如图 2-63 所示，负值表示向前偏移，正值表示向后偏移。

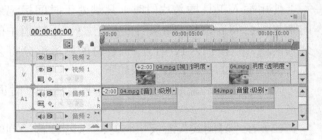

图 2-63

2.2.4 课堂案例——立体相框

【案例学习目标】将图像插入到"时间线"面板中，对图像的四周进行剪裁。

【案例知识要点】使用"插入"选项将图像导入到"时间线"面板中；使用"运动"选项编辑图像的位置、比例和旋转等多个属性；使用"剪裁"命令剪裁图像边框；使用"斜边角"命令制作图像的立体效果；使用"杂波 HLS"、"棋盘"和"四色渐变"命令编辑背影特效；使用"色阶"命令调整图像的亮度。立体相框效果如图 2-64 所示。

【效果所在位置】光盘/Ch02/立体相框. prproj。

1. 导入图片

（1）启动 Premiere Pro CS5 软件，弹出"欢迎使用 Adobe Premiere Pro"界面，单击"新建项目"按钮 ，

图 2-64

弹出"新建项目"对话框，设置"位置"选项，选择保存文件的路径，在"名称"文本框中输入文件名"立体相框"，如图 2-65 所示。单击"确定"按钮，弹出"新建序列"对话框，在左侧的列表中展开"DV-PAL"选项，选中"标准 48kHz"模式，如图 2-66 所示，单击"确

定"按钮。

图 2-65

图 2-66

（2）选择"文件 > 导入"命令，弹出"导入"对话框，选择光盘中的"Ch02/立体相框/素材/ 01 和 02"文件，单击"打开"按钮，导入视频文件，如图 2-67 所示。导入后的文件排列在"项目"面板中，如图 2-68 所示。

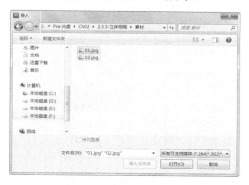

图 2-67

图 2-68

（3）在"时间线"面板中选中"视频 3"轨道，选中"项目"面板中的"01"文件，单击鼠标右键，在弹出的快捷菜单中选择"插入"命令，如图 2-69 所示，文件被插入到"时间线"面板中的"视频 3"轨道中，如图 2-70 所示。

图 2-69

图 2-70

2. 编辑图像立体效果

（1）在"时间线"面板中选中"视频 3"轨道中的"01"文件，选择"特效控制台"面板，展开"运动"选项，将"位置"选项设置为 272.1 和 304.7，"缩放比例"选项设置为 50.0，"旋转"选项设置为–11.0°，如图 2-71 所示。在"节目"面板中预览效果，如图 2-72 所示。

图 2-71   图 2-72

（2）选择"窗口 > 效果"命令，弹出"效果"面板，展开"视频特效"选项，单击"变换"文件夹前面的三角形按钮▷将其展开，选中"裁剪"特效，如图 2-73 所示。将"裁剪"特效拖曳到"时间线"面板中的"视频 3"轨道上的"01"文件上，如图 2-74 所示。

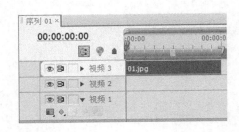

图 2-73   图 2-74

（3）选择"特效控制台"面板，展开"裁剪"特效，将"底部"选项设置为 10.0%，如图 2-75 所示。在"节目"面板中预览效果，如图 2-76 所示。

图 2-75   图 2-76

（4）选择"效果"面板，展开"视频特效"选项，单击"透视"文件夹前面的三角形按钮▷将其展开，选中"斜角边"特效，如图 2-77 所示。将"斜角边"特效拖曳到"时间线"面板中的"视频 3"轨道上的"01"文件上，如图 2-78 所示。

图 2-77 图 2-78

（5）选择"特效控制台"面板，展开"斜角边"特效，将"边角厚度"选项设置为 0.06，"照明角度"选项设置为-40.0°，其他设置如图 2-79 所示。在"节目"面板中预览效果，如图 2-80 所示。

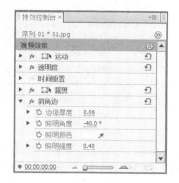

图 2-79 图 2-80

3. 编辑背景

（1）选择"文件 > 新建 > 彩色蒙版"命令，弹出"新建彩色蒙版"对话框，如图 2-81 所示。单击"确定"按钮，弹出"颜色拾取"对话框，设置颜色的 R、G、B 值分别为 255、166、50，如图 2-82 所示。单击"确定"按钮，弹出"选择名称"对话框，输入"墙壁"，如图 2-83 所示。单击"确定"按钮，即可在"项目"面板中添加一个"墙壁"层，如图 2-84 所示。

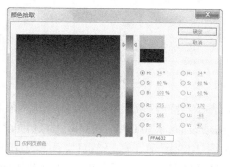

图 2-81 图 2-82

（2）在"项目"面板中选中"墙壁"层，将其拖曳到"时间线"面板中的"视频 1"轨道中，如图 2-85 所示。在"节目"面板中预览效果，如图 2-86 所示。

图 2-83

图 2-84

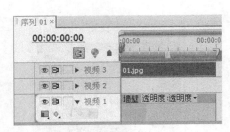

图 2-85

图 2-86

（3）选择"效果"面板，展开"视频特效"选项，单击"杂波与颗粒"文件夹前面的三角形按钮▷将其展开，选中"杂波 HLS"特效，如图 2-87 所示。将"杂波 HLS"特效拖曳到"时间线"面板中的"视频 1"轨道上的"墙壁"层上，如图 2-88 所示。

图 2-87

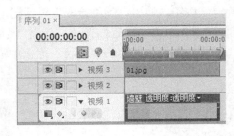

图 2-88

（4）选择"特效控制台"面板，展开"杂波 HLS"特效，将"色相"选项设置为 50.0%，"明度"选项设置为 50.0%，"饱和度"选项设置为 60.0%，"颗粒大小"选项设置为 2.00，其他设置如图 2-89 所示。在"节目"面板中预览效果，如图 2-90 所示。

（5）选择"效果"面板，展开"视频特效"选项，单击"生成"文件夹前面的三角形按钮▷将其展开，选中"棋盘"特效，如图 2-91 所示。将"棋盘"特效拖曳到"时间线"面板中的"视频 1"轨道上的"墙壁"层上，如图 2-92 所示。

图 2-89

图 2-90

图 2-91

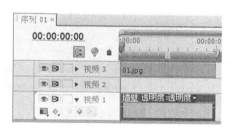

图 2-92

（6）选择"特效控制台"面板，展开"棋盘"特效，将"边角"选项设置为 450.0 和 360.0，单击"混合模式"选项后面的 ▽ 按钮，在弹出的下拉列表中选择"添加"，其他设置如图 2-93 所示。在"节目"面板中预览效果，如图 2-94 所示。

图 2-93

图 2-94

（7）选择"效果"面板，展开"视频特效"选项，单击"生成"文件夹前面的三角形按钮 ▷ 将其展开，选中"四色渐变"特效，如图 2-95 所示。将"四色渐变"特效拖曳到"时间线"面板中的"视频 1"轨道上的"墙壁"层上，如图 2-96 所示。

（8）选择"特效控制台"面板，展开"四色渐变"特效，将"混合"选项设置为 40.0，"抖动"选项设置为 30.0%，单击"混合模式"选项后面的 ▽ 按钮，在弹出的下拉列表中选择"滤色"，其他设置如图 2-97 所示。在"节目"面板中预览效果，如图 2-98 所示。在"项目"面板中选中"02"文件并将其拖曳到"时间线"面板中的"视频 2"轨道中，如图 2-99 所示。

图 2-95

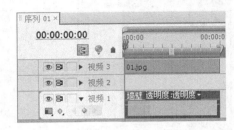

图 2-96

图 2-97

图 2-98

图 2-99

4．调整图像亮度

（1）在"时间线"面板中选中"视频 2"轨道中的"02"文件，选择"特效控制台"面板，展开"运动"选项，将"位置"选项设置为 499.5 和 312.9，"缩放比例"选项设置为 35，"旋转"选项设置为 6.0°，如图 2-100 所示。在"节目"面板中预览效果，如图 2-101 所示。

图 2-100

图 2-101

（2）在"时间线"面板中选中"01"文件，选择"特效控制台"面板，按<Ctrl>键选中"裁剪"特效和"斜角边"特效，再按<Ctrl>+<C>组合键，复制特效，在"时间线"面板中选中"02"文件，按<Ctrl>+<V>组合键粘贴特效。在"节目"面板中预览效果，如图 2-102 所示。

（3）选择"效果"面板，展开"视频特效"选项，单击"调整"文件夹前面的三角形按钮▷将其展开，选中"色阶"特效，如图 2-103 所示。将"色阶"特效拖曳到"时间线"面板中的"视频 2"轨道上的"02"文件上，如图 2-104 所示。

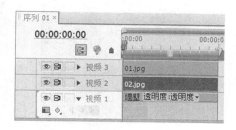

图 2-102
图 2-103
图 2-104

（4）选择"特效控制台"面板，展开"色阶"特效，将"（RGB）输入黑色阶"选项设置为 20，"（RGB）输入白色阶"选项设置为 230，其他设置如图 2-105 所示。在"节目"面板中预览效果，如图 2-106 所示。

（5）立体相框制作完成，如图 2-107 所示。

图 2-105
图 2-106
图 2-107

2.3　使用 Premiere Pro CS5 创建新元素

Premiere Pro CS5 除了可以使用导入的素材，还可以建立一些新素材元素，本节将对其进行详细介绍。

2.3.1　通用倒计时片头

通用倒计时通常用于影片开始前的倒计时准备。Premiere Pro CS5 为用户提供了现成的通用倒计时素材，用户可以非常简便地创建一个标准的倒计时片头，并可以在 Premiere Pro CS5 中随时对其进行修改，如图 2-108 所示。创建倒计时素材的具体操作步骤如下。

（1）单击"项目"面板下方的"新建分项"按钮 ![按钮]，在弹出的列表中选择"通用倒计时片头"选项，弹出"新建通用倒计时片头"对话框，如图 2-109 所示。设置完成后，单击"确定"按钮，弹出"通用倒计时片头设置"对话框，如图 2-110 所示。

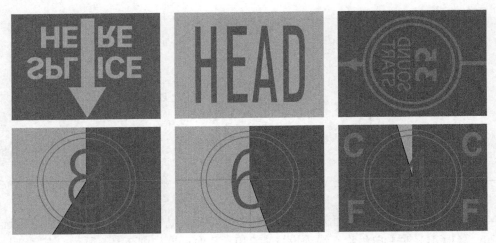

图 2-108

图 2-109

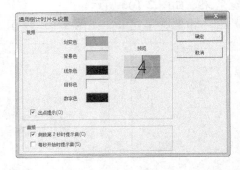

图 2-110

该对话框中各部分的作用分别如下。

"划变色"：擦除颜色。播放倒计时影片时，指示线会不停地围绕圆心转动，在指示线转动方向之后的颜色为划变色。

"背景色"：背景颜色。指示线转换方向之前的颜色为背景色。

"线条色"：指示线颜色。固定十字及转动的指示线的颜色由该项设定。

"目标色"：准星颜色。指定圆形准星的颜色。

"数字色"：数字颜色。指定倒计时影片中 8、7、6、5、4 等数字的颜色。

"出点提示"：结束提示标志。勾选该复选框在倒计时结束时显示标志图形。

"倒数第 2 秒时提示音"：2 秒处提示音标志。勾选该复选框在显示"2"时发声。

"每秒开始时提示音"：每秒提示音标志。勾选该复选框在每秒开始时发声。

（2）设置完成后，单击"确定"按钮，Premiere Pro CS5 自动将该段倒计时影片加入"项目"面板。

用户可在"项目"面板或"时间线"面板中双击倒计时素材，随时打开"通用倒计时片头设置"对话框进行修改。

2.3.2 彩条和黑场

1. 彩条

Premiere Pro CS5 可以在影片开始前加入一段彩条，如图 2-111 所示。

在"项目"面板下方单击"新建分项"按钮 ，在弹出的列表中选择"彩条"选项，即可创建彩条。

2. 黑场

Premiere Pro CS5 可以在影片中创建一段黑场。在"项目"面板下方单击"新建分项"按钮，在弹出的列表中选择"黑场"选项，即可创建黑场。

图 2-111

2.3.3　彩色蒙版

Premiere Pro CS5 还可以为影片创建一个颜色蒙版。用户可以将颜色蒙版当作背景，也可利用"透明度"命令来设定与它相关的色彩的透明性。具体操作步骤如下。

（1）在"项目"面板下方单击"新建分项"按钮，在弹出的列表中选择"彩色蒙版"选项，弹出"新建彩色蒙版"对话框，如图 2-112 所示。进行参数设置后，单击"确定"按钮，弹出"颜色拾取"对话框，如图 2-113 所示。

图 2-112

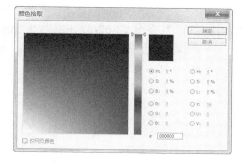

图 2-113

（2）在"颜色拾取"对话框中选取蒙版所要使用的颜色，单击"确定"按钮。用户可在"项目"面板或"时间线"面板中双击颜色蒙版，随时打开"颜色拾取"对话框进行修改。

2.3.4　透明视频

在 Premiere Pro CS5 中，用户可以创建一个透明的视频层，它能够应用特效到一系列的影片剪辑中，而无需重复地复制和粘贴属性。只要应用一个特效到透明视频轨道中，特效结果将自动出现在下面的所有视频轨道中。

2.4　课堂练习——镜头的快慢处理

【练习知识要点】使用"缩放比例"选项改变视频文件的大小；使用"剃刀"工具分割文件；使用"速度/持续时间"命令改变视频播放的快慢。镜头的快慢处理效果如图 2-114 所示。

【效果所在位置】光盘/Ch02/镜头的快慢处理. prproj。

图 2-114

2.5 课后习题——倒计时效果

【习题知识要点】使用"通用倒计时片头"命令编辑默认倒计时属性；使用"速度/持续时间"命令改变视频文件的播放速度。倒计时效果如图 2-115 所示。

图 2-115

【效果所在位置】光盘/Ch02/倒计时效果. prproj。

3 Chapter

第 3 章
视频转场效果

　　本章主要介绍如何在 Premiere Pro CS5 的影片素材或静止图像素材之间建立丰富多彩的切换特效。本章内容对于影视剪辑中的镜头切换有着非常实用的意义，它可以使剪辑的画面更加富于变化，更加生动多彩。

课堂学习目标
- 转场特技设置
- 高级转场特技

3.1 转场特技设置

转场包括使用镜头切换、调整切换区域、切换设置和设置默认切换等多种基本操作。下面对转场特技设置进行讲解。

3.1.1 使用镜头切换

一般情况下，切换是在同一轨道的两个相邻素材之间使用。当然，也可以单独为一个素材施加切换，这时素材与其下方的轨道进行切换，但是下方的轨道只是作为背景使用，并不能被切换所控制，如图3-1所示。

为影片添加切换后，可以改变切换的长度。最简单的方法是在序列中选中切换 交叉叠化（标准），拖曳切换的边缘。还可以双击切换，打开"特效控制台"面板，在该面板中对切换进行进一步调整，如图3-2所示。

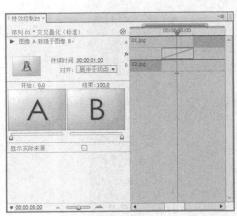

图 3-2

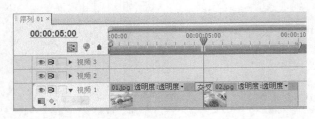

图 3-1

3.1.2 调整切换区域

在右侧的时间线区域里可以设置切换的长度和位置。如图3-3所示，两段影片加入切换后，时间线上会有一个重叠区域，这个重叠区域就是发生切换的范围。同"时间线"面板中只显示入点和出点间的影片不同，在"特效控制台"面板的时间线中会显示影片的长度，这样设置的优点是可以随时修改影片参与切换的位置。

将鼠标指针移动到影片上，按住鼠标左键拖曳，即可移动影片的位置，改变切换的影响区域。

将鼠标指针移动到切换中线上拖曳，可以改变切换的位置，如图3-4所示。将鼠标指针移动到切换上拖曳，也可以改变位置，如图3-5所示。

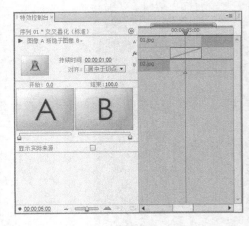

图 3-3

图 3-4

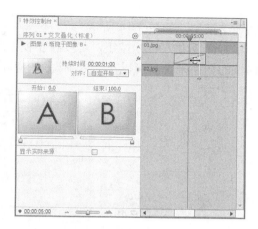
图 3-5

左边的"对齐"下拉列表中提供了以下几种切换对齐方式。

（1）"居中于切点"：将切换添加到两个剪辑的中间部分，如图 3-6 和图 3-7 所示。

图 3-6

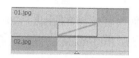
图 3-7

（2）"开始于切点"：以片段 B 的入点位置为准建立切换，如图 3-8 和图 3-9 所示。

图 3-8

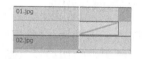
图 3-9

（3）"结束于切点"：将切换点添加到第一个剪辑的结尾处，如图 3-10 和图 3-11 所示。

图 3-10

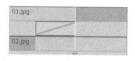
图 3-11

（4）"自定开始"：表示可以通过自定义添加设置。

将鼠标指针移动到切换边缘，可以拖曳鼠标改变切换的长度，如图 3-12 和图 3-13 所示。

图 3-12

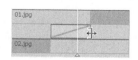
图 3-13

3.1.3 切换设置

在左边的切换设置中，可以对切换进行进一步的设置。

默认情况下，切换都是从 A 到 B 完成的，要改变切换的开始和结束状态，可拖曳"开始"和"结束"滑块。按住<Shift>键并拖曳滑块可以使开始和结束滑块以相同的数值变化。

勾选"显示实际来源"复选框，可以在面板上方的"开始"和"结束"处显示切换的开始帧和结束帧，如图 3-14 所示。

单击面板上方的 ▶ 按钮，可以在小视窗中预览切换效果，如图 3-15 所示。对于某些有方向性的切换来说，可以在上方小视窗中单击箭头来改变切换的方向。

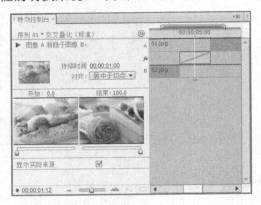

图 3-14 图 3-15

某些切换具有位置的性质，如出入屏时画面从屏幕的哪个位置开始，这时可以在切换的开始和结束显示框中调整位置。

在面板上方的"持续时间"栏中可以输入切换的持续时间，这与拖曳切换边缘改变长度是相同的作用。

3.1.4 设置默认切换

选择"编辑 > 首选项 > 常规"命令，在弹出的"首选项"对话框中进行切换的默认设置。

可以将当前选定的切换设为默认切换，这样，在使用如自动导入这样的功能时，所建立的都是该切换。此外，还可以分别设定视频和音频切换的默认时间，如图 3-16 所示。

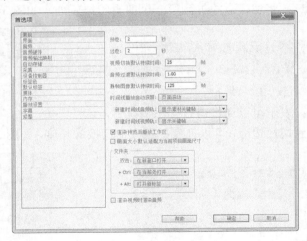

图 3-16

3.1.5 课堂案例——美味糕点

【案例学习目标】使用默认切换制作图像转场效果。

【案例知识要点】按<Ctrl>+<D>组合键添加转场默认效果；按<Page Down>键调整时间

指示器。美味糕点效果如图 3-17 所示。

【效果所在位置】光盘/Ch03/美味糕点. prproj。

1. 新建项目

（1）启动 Premiere Pro CS5 软件，弹出"欢迎使用 Adobe Premiere Pro"界面，单击"新建项目"按钮 ，弹出"新建项目"对话框，设置"位置"选项，选择保存文件路径，在"名称"文本框中输入文件名"美味糕点"，如图 3-18 所示。单击"确定"按钮，弹出"新建序列"对话框，在左侧的列表中展开"DV-PAL"选项，选中"标准 48kHz"模式，如图 3-19 所示，单击"确定"按钮。

图 3-17

图 3-18

图 3-19

（2）选择"文件 > 导入"命令，弹出"导入"对话框，选择光盘中的"Ch03/美味糕点/素材/01、02、03 和 04"文件，单击"打开"按钮，导入图片文件，如图 3-20 所示。导入后的文件排列在"项目"面板中，如图 3-21 所示。

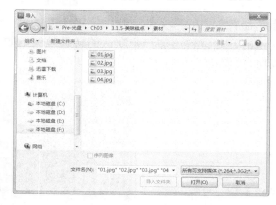

图 3-20

图 3-21

2. 添加转场效果

（1）按住<Ctrl>键，在"项目"面板中分别单击"01、02、03 和 04"文件并将其拖曳到"时间线"面板中的"视频 1"轨道中，如图 3-22 所示。将时间指示器放置在 0s 的位置，按

<Page Down>键，时间指示器转到"02"文件的开始位置，如图3-23所示。

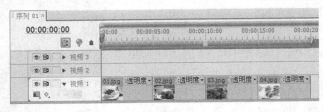

图 3-22

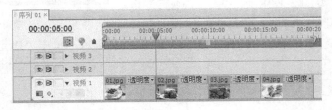

图 3-23

（2）按<Ctrl>+<D>组合键，在"01"文件的结尾处与"02"文件的开始位置添加一个默认的转场效果，如图3-24所示。在"节目"面板中预览效果，如图3-25所示。

图 3-24

图 3-25

（3）再次按<Page Down>键，时间指示器转到"03"文件的开始位置，按<Ctrl>+<D>组合键，在"02"文件的结尾处与"03"文件的开始位置添加一个默认的转场效果，如图3-26所示。在"节目"面板中预览效果，如图3-27所示。

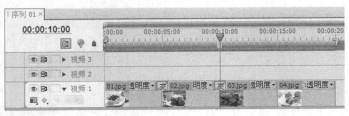

图 3-26

图 3-27

（4）用相同的制作方法在"03"文件的结尾处与"04"文件的开始位置添加一个默认的转场效果，如图 3-28 所示。美味糕点制作完成，如图 3-29 所示。

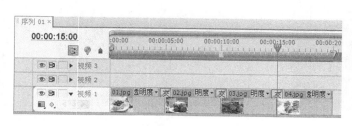

图 3-28

图 3-29

3.2　高级转场特技

Premiere Pro CS5 将各种转换特效根据类型的不同分别放在"效果"面板中的"视频特效"文件夹下的不同子文件夹中，用户可以根据使用的转换类型，方便地进行查找。

3.2.1　3D 运动

"3D 运动"文件夹中共包含 10 种三维运动效果的场景切换。

1.　向上折叠

"向上折叠"特效使影片 A 像纸一样被重复折叠，显示影片 B，效果如图 3-30 和图 3-31 所示。

图 3-30

图 3-31

2.　帘式

"帘式"特效使影片 A 如同窗帘一样被拉起，显示影片 B，效果如图 3-32 和图 3-33 所示。

图 3-32

图 3-33

3. 摆入

"摆入"特效使影片 B 过渡到影片 A 的过程中产生内关门效果，效果如图 3-34 和图 3-35 所示。

图 3-34   图 3-35

4. 摆出

"摆出"特效使影片 B 过渡到影片 A 产生外关门效果，效果如图 3-36 和图 3-37 所示。

图 3-36   图 3-37

5. 旋转

"旋转"特效使影片 B 从影片 A 中心展开，效果如图 3-38 和图 3-39 所示。

图 3-38   图 3-39

6. 旋转离开

"旋转离开"特效使影片 B 从影片 A 中心旋转出现，效果如图 3-40 和图 3-41 所示。

图 3-40   图 3-41

7. 立方体旋转

"立方体旋转"特效可以使影片 A 和影片 B 如同立方体的两个面进行过渡转换，效果如图 3-42 和图 3-43 所示。

图 3-42

图 3-43

8. 筋斗过渡

"筋斗过渡"特效使影片 A 旋转翻入影片 B，效果如图 3-44 和图 3-45 所示。

图 3-44

图 3-45

9. 翻转

"翻转"特效使影片 A 翻转到影片 B。在"特效控制台"面板中单击"自定义"按钮，弹出"翻转设置"对话框，如图 3-46 所示。对话框中各部分主要作用如下。

"带"：用于输入空翻的影像数量。带的最大数值为 8。

"填充颜色"：用于设置空白区域的颜色。

"翻转"切换转场效果如图 3-47 和图 3-48 所示。

图 3-46

图 3-47

图 3-48

10. 门

"门"特效使影片 B 如同关门一样覆盖影片 A，效果如图 3-49 和图 3-50 所示。

图 3-49

图 3-50

3.2.2 伸展

"伸展" 文件夹中共包含 4 种切换视频特效。

1. 交叉伸展

"交叉伸展" 特效使影片 A 逐渐被影片 B 平行挤压替代，效果如图 3-51 和图 3-52 所示。

图 3-51

图 3-52

2. 伸展

"伸展" 特效使影片 A 从一边伸展开逐渐覆盖影片 B，效果如图 3-53 和图 3-54 所示。

图 3-53

图 3-54

3. 伸展覆盖

"伸展覆盖" 特效使影片 B 以拉伸方式出现，逐渐代替影片 A，效果如图 3-55 和图 3-56 所示。

图 3-55

图 3-56

4．伸展进入

"伸展进入"特效使影片 B 在影片 A 的中心横向伸展，效果如图 3-57 和图 3-58 所示。

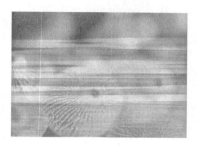

图 3-57

图 3-58

3.2.3　划像

"划像"文件夹中共包含 7 种视频转换特效。

1．划像交叉

"划像交叉"特效使影片 B 呈十字形从影片 A 中展开，效果如图 3-59 和图 3-60 所示。

图 3-59

图 3-60

2．划像形状

"划像形状"特效使影片 B 产生多个规则形状从影片 A 中展开。在"特效控制台"面板中单击"自定义"按钮，弹出"划像形状设置"对话框，如图 3-61 所示。对话框中各部分主要作用如下。

"形状数量"：拖曳滑块调整水平和垂直方向规则形状的数量。

"形状类型"：选择形状，如矩形、椭圆形和菱形等。

"划像形状"转场效果如图 3-62 和图 3-63 所示。

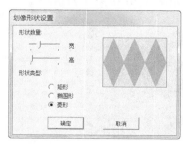

图 3-61

图 3-62

图 3-63

3. 圆划像

"圆划像"特效使影片 B 呈圆形从影片 A 中展开，效果如图 3-64 和图 3-65 所示。

图 3-64   图 3-65

4. 星形划像

"星形划像"特效使影片 B 呈星形从影片 A 的正中心展开，效果如图 3-66 和图 3-67 所示。

图 3-66   图 3-67

5. 点划像

"点划像"特效使影片 B 呈斜角十字形从影片 A 中铺开，效果如图 3-68 和图 3-69 所示。

图 3-68   图 3-69

6. 盒形划像

"盒形划像"特效使影片 B 呈矩形从影片 A 中展开，效果如图 3-70 和图 3-71 所示。

图 3-70   图 3-71

7．菱形划像

"菱形划像"特效使影片 B 呈菱形从影片 A 中展开，效果如图 3-72 和图 3-73 所示。

图 3-72

图 3-73

3.2.4 卷页

"卷页"文件夹中共包含 5 种视频卷页切换效果。

1．中心剥落

"中心剥落"特效使影片 A 在正中心分为 4 块分别向四角卷起，露出影片 B，效果如图 3-74 和图 3-75 所示。

图 3-74

图 3-75

2．剥开背面

"剥开背面"特效使影片 A 由中心点向四周分别被卷起，露出影片 B，效果如图 3-76 和图 3-77 所示。

图 3-76

图 3-77

3．卷走

"卷走"特效使影片 A 产生卷轴卷起效果，露出影片 B，效果如图 3-78 和图 3-79 所示。

图 3-78

图 3-79

4. 翻页

"翻页"特效使影片 A 从左上角向右下角卷动，露出影片 B，效果如图 3-80 和图 3-81 所示。

图 3-80

图 3-81

5. 页面剥落

"页面剥落"特效使影片 A 像纸一样被翻面卷起，露出影片 B，如图 3-82 和图 3-83 所示。

图 3-82

图 3-83

3.2.5 叠化

"叠化"文件夹中共包含 7 种溶解效果的视频转场特效。

1. 交叉叠化

"交叉叠化"特效使影片 A 淡化为影片 B，效果如图 3-84 和图 3-85 所示。该切换为标准的淡入淡出切换。在支持 Premiere Pro CS5 的双通道视频卡上，该切换可以实现实时播放。

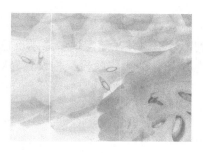

图 3-84

图 3-85

2. 抖动溶解

"抖动溶解"特效使影片 B 以点的方式出现，取代影片 A，效果如图 3-86 和图 3-87 所示。

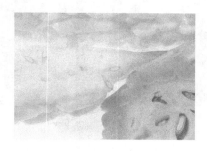

图 3-86

图 3-87

3. 白场过渡

"白场过渡"特效使影片 A 以变亮的模式淡化为影片 B，效果如图 3-88 和图 3-89 所示。

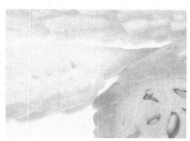

图 3-88

图 3-89

4. 附加叠化

"附加叠化"特效使影片 A 以加亮的模式淡化为影片 B，效果如图 3-90 和图 3-91 所示。

图 3-90

图 3-91

5. 随机反相

"随机反相"特效以随意块方式使影片 A 过渡到影片 B，并在随意块中显示反色效果。双击效果，在"特效控制台"面板中单击"自定义"按钮，弹出"随机反相设置"对话框，如图 3-92 所示。对话框中各部分主要作用如下。

"宽"：用于设置图像水平随意块数量。

"高"：用于设置图像垂直随意块数量。

"反相源"：用于显示影片 A 的反色效果。

"反相目标"：用于显示影片 B 的反色效果。

"随机反相"特效转换效果如图 3-93 和图 3-94 所示。

图 3-92   图 3-93   图 3-94

6. 非附加叠化

"非附加叠化"特效使影片 A 与影片 B 的亮度叠加消溶，效果如图 3-95 和图 3-96 所示。

图 3-95   图 3-96

7. 黑场过渡

"黑场过渡"特效使影片 A 以变暗的模式淡化为影片 B，效果如图 3-97 和图 3-98 所示。

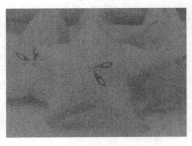

图 3-97   图 3-98

3.2.6　课堂案例——四季变化

【案例学习目标】编辑图像的卷页与图形的划像，制作图像转场效果。

【案例知识要点】使用"斜线滑动"命令制作视频斜线自由线条效果；使用"划像形状"命令制作视频锯齿形状；使用"页面剥落"命令制作视频卷页效果；使用"缩放比例"选项编辑图像的大小；使用"自动对比度"命令编辑图像的亮度对比度；使用"自动色阶"命令编辑图像的明亮度。四季变化效果如图 3-99 所示。

【效果所在位置】光盘/Ch03/四季变化. prproj。

图 3-99

1. 新建项目与导入视频

（1）启动 Premiere Pro CS5 软件，弹出"欢迎使用 Adobe Premiere Pro"界面，单击"新建项目"按钮 📋，弹出"新建项目"对话框，设置"位置"选项，选择保存文件路径，在"名称"文本框中输入文件名"四季变化"，如图 3-100 所示。单击"确定"按钮，弹出"新建序列"对话框，在左侧的列表中展开"DV-PAL"选项，选中"标准 48kHz"模式，如图 3-101 所示，单击"确定"按钮。

图 3-100

图 3-101

（2）选择"文件 > 导入"命令，弹出"导入"对话框，选择光盘中的"Ch03/四季变化/素材/01、02、03 和 04"文件，单击"打开"按钮，导入视频文件，如图 3-102 所示。导入后的文件排列在"项目"面板中，如图 3-103 所示。

图 3-102

图 3-103

（3）按住<Ctrl>键，在"项目"面板中分别选中"01、02、03 和 04"文件并将其拖曳到"时间线"面板中的"视频 1"轨道中，如图 3-104 所示。

图 3-104

2. 制作视频转场特效

（1）选择"窗口 > 效果"命令，弹出"效果"面板，展开"视频切换"特效分类选项，单击"滑动"文件夹前面的三角形按钮▶将其展开，选中"斜线滑动"特效，如图 3-105 所示。将"斜线滑动"特效拖曳到"时间线"面板中的"01"文件的结尾处与"02"文件的开始位置，如图 3-106 所示。

图 3-105

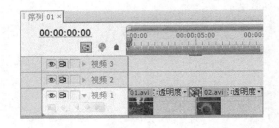

图 3-106

（2）选择"效果"面板，展开"视频切换"特效分类选项，单击"划像"文件夹前面的三角形按钮▶将其展开，选中"划像形状"特效，如图 3-107 所示。将"划像形状"特效拖曳到"时间线"面板中的"02"文件的结尾处与"03"文件的开始位置，如图 3-108 所示。

图 3-107

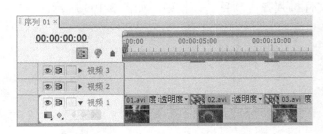

图 3-108

（3）选择"效果"面板，展开"视频切换"特效分类选项，单击"卷页"文件夹前面的三角形按钮▶将其展开，选中"页面剥落"特效，如图 3-109 所示。将"页面剥落"

特效拖曳到"时间线"面板中的"03"文件的结尾处与"04"文件的开始位置，如图 3-110 所示。

图 3-109

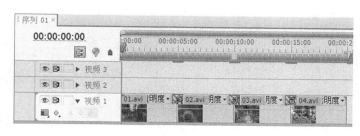

图 3-110

（4）选中"时间线"面板中的"01"文件，选择"特效控制台"面板，展开"运动"选项，将"缩放比例"选项设置为 110，如图 3-111 所示。在"节目"面板中预览效果，如图 3-112 所示。

图 3-111

图 3-112

（5）选中"时间线"面板中的"02"文件，选择"特效控制台"面板，展开"运动"选项，将"缩放比例"选项设置为 110.0，如图 3-113 所示。在"节目"面板中预览效果，如图 3-114 所示。用相同的方法缩放其他两个文件。

图 3-113

图 3-114

（6）选择"效果"面板，展开"视频效果"特效分类选项，单击"调整"文件夹前面的三角形按钮▶将其展开，选中"自动对比度"特效，如图3-115所示。将"自动对比度"特效拖曳到"时间线"面板中的"03"文件上，如图3-116所示。

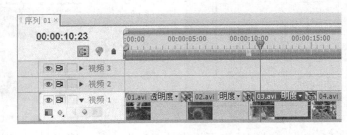

图3-115   图3-116

（7）选择"特效控制台"面板，展开"自动对比度"特效并进行参数设置，如图3-117所示。在"节目"面板中预览效果，如图3-118所示。

图3-117   图3-118

（8）选择"效果"面板，展开"视频效果"特效分类选项，单击"调整"文件夹前面的三角形按钮▶将其展开，选中"自动色阶"特效，如图3-119所示。将"自动色阶"特效拖曳到"时间线"面板中的"04"文件上，如图3-120所示。

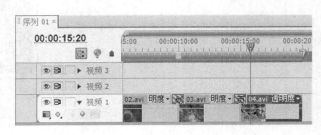

图3-119   图3-120

（9）选择"特效控制台"面板，展开"自动色阶"选项并进行参数设置，如图 3-121 所示。在"节目"面板中预览效果，如图 3-122 所示。

图 3-121

图 3-122

（10）四季变化制作完成，如图 3-123 所示。

图 3-123

3.2.7 擦除

"擦除"文件夹中共包含 17 种切换的视频转场特效。

1. 双侧平推门

"双侧平推门"特效使影片 A 以展开和关门的方式过渡到影片 B，效果如图 3-124 和图 3-125 所示。

图 3-124

图 3-125

2. 带状擦除

"带状擦除"特效使影片 B 从水平方向以条状样式进入并覆盖影片 A，效果如图 3-126 和图 3-127 所示。

图 3-126

图 3-127

3. 径向划变

"径向划变"特效使影片 B 从影片 A 的一角扫入画面，效果如图 3-128 和图 3-129
所示。

图 3-128

图 3-129

4. 插入

"插入"特效使影片 B 从影片 A 的左上角斜插进入画面，效果如图 3-130 和图 3-131
所示。

图 3-130

图 3-131

5. 擦除

"擦除"特效使影片 B 逐渐扫过影片 A，效果如图 3-132 和图 3-133 所示。

图 3-132

图 3-133

6．时钟式划变

"时钟式划变"特效使影片 A 以时钟指针转动方式过渡到影片 B，效果如图 3-134 和图 3-135 所示。

图 3-134　　　　　　　　　　　　　　　　图 3-135

7．棋盘

"棋盘"特效使影片 A 以棋盘消失方式过渡到影片 B，效果如图 3-136 和图 3-137 所示。

图 3-136　　　　　　　　　　　　　　　　图 3-137

8．棋盘划变

"棋盘划变"特效使影片 B 以方格形式逐行出现并覆盖影片 A，效果如图 3-138 和图 3-139 所示。

图 3-138　　　　　　　　　　　　　　　　图 3-139

9．楔形划变

"楔形划变"特效使影片 B 呈扇形打开方式扫入，效果如图 3-140 和图 3-141 所示。

图 3-140　　　　　　　　　　　　　　　　图 3-141

10. 水波块

"水波块"特效使影片 B 沿 "Z" 字形交错扫过影片 A。在"特效控制台"面板中单击"自定义"按钮，弹出"水波块设置"对话框，如图 3-142 所示。对话框中各部分主要作用如下。

"水平"：用于输入水平方向的方格数量。

"垂直"：用于输入垂直方向的方格数量。

"水波块"切换特效如图 3-143 和图 3-144 所示。

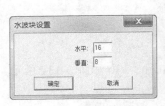

图 3-142

图 3-143

图 3-144

11. 油漆飞溅

"油漆飞溅"特效使影片 B 以墨点状覆盖影片 A，效果如图 3-145 和图 3-146 所示。

图 3-145

图 3-146

12. 渐变擦除

"渐变擦除"特效可以用一张灰度图像制作渐变切换。在渐变切换中，影片 A 充满灰度图像的黑色区域，然后通过每一个灰度开始显示进行切换，直到白色区域完全透明。

在"特效控制台"面板中单击"自定义"按钮，弹出"渐变擦除设置"对话框，如图 3-147 所示。对话框中各部分主要作用如下。

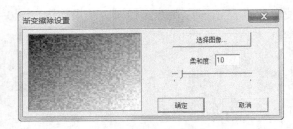

图 3-147

"选择图像"：单击此按钮，可以选择作为灰度图的图像。

"柔和度"：用于设置过渡边缘的羽化程度。

"渐变擦除"切换特效如图 3-148 和图 3-149 所示。

图 3-148　　　　　　　　　　　　　　　　图 3-149

13. 百叶窗

"百叶窗"特效使影片 B 在逐渐加粗的线条中逐渐显示，类似于百叶窗效果，效果如图 3-150 和图 3-151 所示。

图 3-150　　　　　　　　　　　　　　　　图 3-151

14. 螺旋框

"螺旋框"特效使影片 B 以螺纹块状旋转出现。在"特效控制台"面板中单击"自定义"按钮，弹出"螺旋框设置"对话框，如图 3-152 所示。对话框中各部分主要作用如下。

"水平"：用于输入水平方向的方格数量。

"垂直"：用于输入垂直方向的方格数量。

"螺旋框"切换效果如图 3-153 和图 3-154 所示。

图 3-152　　　　　　　图 3-153　　　　　　　　　　图 3-154

15. 随机块

"随机块"特效使影片 B 以方块形式随意出现并覆盖影片 A，效果如图 3-155 和图 3-156 所示。

图 3-155

图 3-156

16. 随机擦除

"随机擦除"特效使影片 B 产生随意方块，以由上向下擦除的形式覆盖影片 A，效果如图 3-157 和图 3-158 所示。

图 3-157

图 3-158

17. 风车

"风车"特效使影片 B 以风车轮状旋转覆盖影片 A，效果如图 3-159 和图 3-160 所示。

图 3-159

图 3-160

3.2.8 映射

"映射"文件夹中提供了两种使用影像通道作为影片进行切换的视频转场。

1. 明亮度映射

"明亮度映射"特效将图像 A 的亮度映射到图像 B，如图 3-161、图 3-162 和图 3-163 所示。

图 3-161

图 3-162

图 3-163

2．通道映射

　　"通道映射"特效是将影片 A 的通道作为映射条件，逐渐显示出影片 B。双击效果，在"特效控制台"面板中单击"自定义"按钮，弹出"通道映射设置"对话框，如图 3-164 所示，在映射栏的下拉列表中可以选择要输出的目标通道和素材通道。

　　"通道映射"转场效果如图 3-165、图 3-166 和图 3-167 所示。

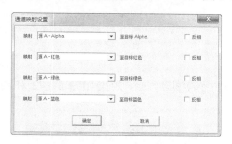

图 3-164

图 3-165

图 3-166

图 3-167

3.2.9　滑动

　　"滑动"文件夹中共包含 12 种视频切换效果。

1．中心合并

　　"中心合并"特效使影片 A 分裂成 4 块由中心分开并逐渐覆盖影片 B，效果如图 3-168 和图 3-169 所示。

图 3-168

图 3-169

2．中心拆分

　　"中心拆分"特效使影片 A 从中心分裂为 4 块，向四角滑出，效果如图 3-170 和图 3-171 所示。

图 3-170   图 3-171

3. 互换

"互换"特效使影片 B 从影片 A 的后方向前方覆盖影片 A，效果如图 3-172 和图 3-173 所示。

图 3-172   图 3-173

4. 多旋转

"多旋转"特效使影片 B 被分割成若干个小方格旋转铺入。双击效果，在"特效控制台"面板中单击"自定义"按钮，弹出"多旋转设置"对话框，如图 3-174 所示。对话框中各部分主要作用如下。

"水平"：用于输入水平方向的方格数量。

"垂直"：用于输入垂直方向的方格数量。

"多旋转"切换效果如图 3-175 和图 3-176 所示。

图 3-174   图 3-175   图 3-176

5. 带状滑动

"带状滑动"特效使影片 B 以条状进入并逐渐覆盖影片 A。双击效果，在"特效控制台"面板中单击"自定义"按钮，弹出"带状滑动设置"对话框，如图 3-177 所示。

"带数量"：用于输入切换条数目。

"带状滑动"转换特效的效果如图 3-178 和图 3-179 所示。

图 3-177

图 3-178

图 3-179

6. 拆分

"拆分"特效使影片 A 像自动门一样打开露出影片 B，效果如图 3-180 和图 3-181 所示。

图 3-180

图 3-181

7. 推

"推"特效使影片 B 将影片 A 推出屏幕，效果如图 3-182 和图 3-183 所示。

图 3-182

图 3-183

8. 斜线滑动

"斜线滑动"特效使影片 B 呈自由线条状滑入影片 A。双击效果，在"特效控制台"面板中单击"自定义"按钮，弹出"斜线滑动设置"对话框，如图 3-184 所示。

"切片数量"：用于输入转换切片数目。

"斜线滑动"切换特效的效果如图 3-185 和图 3-186 所示。

图 3-184

图 3-185

图 3-186

9. 滑动

"滑动"特效使影片 B 滑入覆盖影片 A，效果如图 3-187 和图 3-188 所示。

图 3-187

图 3-188

10. 滑动带

"滑动带"特效使影片 B 在水平或垂直的线条中逐渐显示，效果如图 3-189 和图 3-190 所示。

图 3-189

图 3-190

11. 滑动框

"滑动框"特效与"滑动带"类似，使影片 B 的形成更像积木的累积，效果如图 3-191 和图 3-192 所示。

图 3-191

图 3-192

12. 漩涡

"漩涡"特效使影片 B 打破为若干方块从影片 A 中旋转而出。双击效果，在"特效控制台"面板中单击"自定义"按钮，弹出"漩涡设置"对话框，如图 3-193 所示。对话框中各部分主要作用如下。

"水平"：用于输入水平方向产生的方块数量。

"垂直"：用于输入垂直方向产生的方块数量。

"速率（%）"：用于输入旋转度。

"漩涡"切换特效的效果如图 3-194 和图 3-195 所示。

图 3-193　　　　　　　　　　图 3-194　　　　　　　　　　图 3-195

3.2.10　特殊效果

"特殊效果"文件夹中共包含 3 种视频转换特效。

1. 映射红蓝通道

"映射红蓝通道"特效将影片 A 中的红蓝通道映射混合到影片 B 中，效果如图 3-196、图 3-197 和图 3-198 所示。

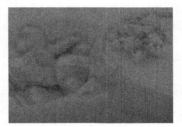

图 3-196　　　　　　　　　　图 3-197　　　　　　　　　　图 3-198

2. 纹理

"纹理"特效使图像 A 作为贴图映射给图像 B，效果如图 3-199、图 3-200 和图 3-201 所示。

图 3-199　　　　　　　　　　图 3-200　　　　　　　　　　图 3-201

3. 置换

"置换"切换特效将处于时间线前方的片段作为位移图，以其像素颜色值的明暗，分别用水平和垂直的错位来影响与其进行切换的片段，效果如图 3-202、图 3-203 和图 3-204 所示。

图 3-202   图 3-203   图 3-204

3.2.11　缩放

"缩放"文件夹中共包含 4 种以缩放方式过渡的切换视频特效。

1.　交叉缩放

"交叉缩放"特效使影片 A 放大冲出，影片 B 缩小进入，效果如图 3-205 和图 3-206 所示。

图 3-205   图 3-206

2.　缩放

"缩放"特效使影片 B 从影片 A 中放大出现，效果如图 3-207 和图 3-208 所示。

图 3-207   图 3-208

3.　缩放拖尾

"缩放拖尾"特效使影片 A 缩小并带有拖尾方式消失，效果如图 3-209 和图 3-210 所示。

图 3-209   图 3-210

4. 缩放框

"缩放框"特效使影片 B 分为多个方块从影片 A 中放大出现。在"特效控制台"面板中单击"自定义"按钮，弹出"缩放框设置"对话框，如图 3-211 所示。

"形状数量"：拖曳滑块，可以设置水平方向和垂直方向的方块数量。

"缩放框"切换特效如图 3-212 和图 3-213 所示。

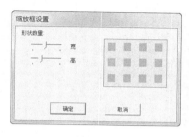

图 3-211

图 3-212

图 3-213

3.2.12　课堂案例——鲜花盛开

【案例学习目标】使用滑动特效和缩放特效制作视频的切换效果。

【案例知识要点】使用"比例"选项编辑图像的大小；使用"多旋转"命令制作视频旋转擦除效果；使用"擦除"和"缩放框"命令制作视频切换效果；使用"自动颜色"命令编辑视频的色彩；使用"基本信号控制"命令调整视频的颜色。鲜花盛开效果如图 3-214 所示。

【效果所在位置】光盘/Ch03/鲜花盛开.prproj。

1. 新建项目

（1）启动 Premiere Pro CS5 软件，弹出"欢迎使用 Adobe Premiere Pro"界面，单击"新建项目"按钮

图 3-214

弹出"新建项目"对话框，设置"位置"选项，选择保存文件路径，在"名称"文本框中输入文件名"鲜花盛开"，如图 3-215 所示。单击"确定"按钮，弹出"新建序列"对话框，在左侧的列表中展开"DVCPR050 480i"选项，选中"DVCPR050NTSC 标准"模式，如图 3-216 所示，单击"确定"按钮。

图 3-215

图 3-216

（2）选择"文件 > 导入"命令，弹出"导入"对话框，选择光盘中的"Ch03/鲜花盛开/素材/01、02、03 和 04"文件，单击"打开"按钮，导入视频文件，如图 3-217 所示。导入后的文件将排列在"项目"面板中，如图 3-218 所示。

图 3-217 图 3-218

（3）按住<Ctrl>键，在"项目"面板中分别选中"01、02、03 和 04"文件，并将其拖曳到"时间线"面板中的"视频 1"轨道中，如图 3-219 所示。在"视频 1"轨道中选中"01"文件，选择"特效控制台"面板，展开"运动"选项，将"缩放比例"选项设置为 85.0，如图 3-220 所示。

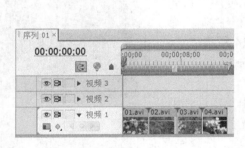

图 3-219 图 3-220

2. 制作视频切换特效

（1）选择"窗口 > 效果"命令，弹出"效果"面板，展开"视频切换"分类选项，单击"滑动"文件夹前面的三角形按钮 ▶ 将其展开，选中"多旋转"特效，如图 3-221 所示。将"多旋转"特效拖曳到"时间线"面板中"01"文件的结尾处与"02"文件的开始位置，如图 3-222 所示。

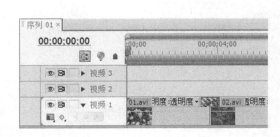

图 3-221 图 3-222

（2）选择"效果"面板，展开"视频切换"分类选项，单击"擦除"文件夹前面的三角形按钮▶将其展开，选中"擦除"特效，如图 3-223 所示。将"擦除"特效拖曳到"时间线"面板中"02"文件的结尾处与"03"文件的开始位置，如图 3-224 所示。

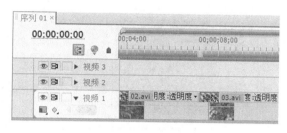

图 3-223　　　　　　　　　　　　　　　　　　图 3-224

（3）选择"效果"面板，展开"视频切换"分类选项，单击"缩放"文件夹前面的三角形按钮▶将其展开，选中"缩放框"特效，如图 3-225 所示。将"缩放框"特效拖曳到"时间线"面板中"03"文件的结尾处与"04"文件的开始位置，如图 3-226 所示。

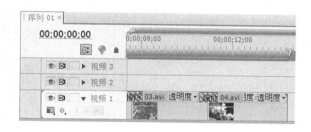

图 3-225　　　　　　　　　　　　　　　　　　图 3-226

（4）选择"效果"面板，展开"视频特效"分类选项，单击"调整"文件夹前面的三角形按钮▶将其展开，选中"自动颜色"特效，如图 3-227 所示。将"自动颜色"特效拖曳到"时间线"面板中的"03"文件上。选择"特效控制台"面板，展开"自动颜色"特效并进行参数设置，如图 3-228 所示。在"节目"面板中预览效果，如图 3-229 所示。

图 3-227　　　　　　　　　　　　　　　　　　图 3-228

（5）选择"效果"面板，展开"视频特效"分类选项，单击"调整"文件夹前面的三角形按钮▶将其展开，选中"基本信号控制"特效，如图 3-230 所示。将"基本信号控制"特效拖曳到"时间线"面板中的"03"文件上。选择"特效控制台"面板，展开"基本信号控制"选项并进行参数设置，如图 3-231 所示，在"节目"面板中预览效果，如图 3-232 所示。鲜花盛开制作完成。

图 3-229

图 3-230

图 3-231

图 3-232

3.3 课堂练习——汽车展会

【练习知识要点】使用"马赛克"命令制作图像马赛克效果与动画；使用"水波块"命令制作图像水波块效果；使用"漩涡"命令制作图像旋转效果。汽车展会效果如图 3-233 所示。

图 3-233

【效果所在位置】光盘/Ch03/汽车展会.prproj。

3.4　课后习题——夕阳美景

【习题知识要点】使用"筋斗过渡"命令制作图像旋转翻转效果；使用"伸展进入"命令制作图像从中心横向伸展转场效果；使用"圆划像"命令制作呈圆形展开效果；使用"随机反相"命令制作视频随机反色效果，夕阳美景如图 3-234 所示。

【效果所在位置】光盘/Ch03/夕阳美景.prproj。

图 3-234

4
Chapter

第 4 章
视频特效应用

　　本章主要介绍 Premiere Pro CS5 中的视频特效，这些特效可以应用在视频、图片和文字上。通过本章的学习，读者可以快速了解并掌握视频特效制作的精髓，随心所欲地创作出丰富多彩的视觉效果。

课堂学习目标
- 应用视频特效
- 使用关键帧控制效果
- 视频特效与特效操作

4.1　应用视频特效

为素材添加一个效果很简单，只需从"效果"面板中拖曳一个特效到"时间线"面板中的素材片段上即可。如果素材片段处于被选中状态，也可以拖曳效果到该片段的"特效控制台"面板中。

4.2　使用关键帧控制效果

在 Premiere Pro CS5 中，可以添加、选择和编辑关键帧。下面对关键帧的基本操作进行具体介绍。

4.2.1　关于关键帧

若使效果随时间而改变，可以使用关键帧技术。当创建了一个关键帧后，就可以指定一个效果属性在确切的时间点上的值，当为多个关键帧赋予不同的值时，Premiere Pro CS5 会自动计算关键帧之间的值，这个处理过程称为"插补"。对于大多数标准效果，都可以在素材的整个时间长度中设置关键帧。对于固定效果，如位置和缩放，可以通过设置关键帧，使素材产生动画，也可以通过移动、复制或删除关键帧和改变插补的模式来实现固定效果。

4.2.2　激活关键帧

为了设置动画效果的属性，必须激活属性的关键帧。任何支持关键帧的效果属性都包括固定动画按钮，单击该按钮可插入一个关键帧。插入关键帧（即激活关键帧）后，就可以添加和调整素材所需要的属性，效果如图 4-1 所示。

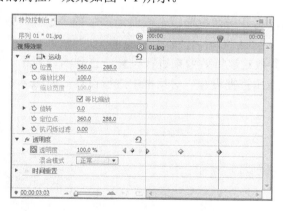

图 4-1

4.3　视频特效与特效操作

在认识了视频特效的基本使用方法后，下面对 Premiere Pro CS5 中的各种视频特效进行详细介绍。

4.3.1 模糊与锐化视频特效

模糊与锐化视频特效主要是针对镜头画面锐化或模糊进行处理，共包含 10 种特效。

1. 快速模糊

该特效可以指定画面模糊程度，同时可以指定水平、垂直或两个方向的模糊程度，在模糊图像时使用该特效比使用"高斯模糊"处理速度快。应用该特效后，其参数面板如图 4-2 所示，各参数主要作用如下。

"模糊量"：用于调节控制影片的模糊程度。

"模糊量"下拉列表框：用于控制图像的模糊方向，包括水平与垂直、水平和垂直 3 种方式。

"重复边缘像素"：对视频素材的边缘进行像素模糊处理。

应用"快速模糊"特效前、后的效果如图 4-3 和图 4-4 所示。

图 4-2

图 4-3

图 4-4

2. 摄像机模糊

该特效可以产生图像离开摄像机焦点范围时所产生的"虚焦"效果。应用该特效后，面板如图 4-5 所示。

可以调整面板中的参数对该特效效果进行设置，直到满意为止。在面板中单击"设置"按钮，在弹出的"摄像机模糊设置"对话框中进行设置，如图 4-6 所示，设置完成后，单击"确定"按钮。

图 4-5

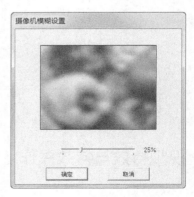

图 4-6

应用"摄像机模糊"特效前、后的图像效果如图 4-7 和图 4-8 所示。

图 4-7

图 4-8

3．方向模糊

该特效可以在图像中产生一个方向性的模糊效果，使素材产生一种幻觉运动特效。应用该特效后，其参数面板如图 4-9 所示，各参数主要作用如下。

"方向"：用于设置模糊方向。

"模糊长度"：用于设置图像虚化的程度。可以拖曳滑块调整数值，其数值范围在 0～20 之间。当需要用到高于 20 的数值时，可以单击该选项右侧带下画线的数值，将参数文本框激活，然后输入需要的数值。

应用"方向模糊"特效前、后的效果如图 4-10 和图 4-11 所示。

图 4-9

图 4-10

图 4-11

4．残像

"残像"特效可以使影片中的运动物体后面跟着一串阴影一起移动，效果如图 4-12 和图 4-13 所示。

图 4-12

图 4-13

5．消除锯齿

该特效通过平均化图像对比度区域的颜色值来平均整个图像，使图像的高亮区和低亮区渐变柔和。应用该特效后，面板不会产生任何参数设置，只对图像进行默认柔化。应用"消除锯齿"特效前、后的图像效果如图 4-14 和图 4-15 所示。

图 4-14

图 4-15

6．混合模糊

该特效主要通过模拟摄像机快速变焦和旋转镜头来产生具有视觉冲击力的模糊效果。应用该特效后，其参数面板如图 4-16 所示，各参数主要作用如下

"模糊图层"：单击按钮 视频 1 ▼，在弹出的列表中可以选择要模糊的视频轨道，如图 4-17 所示。

"最大模糊"：用于对模糊的数值进行调节。

"伸展图层以适配"：勾选此复选框，可以对使用模糊效果的影片画面进行拉伸处理。

"反相模糊"：用于对当前设置的效果反转，即模糊反转。

图 4-16

图 4-17

应用"混合模糊"特效前、后的效果如图 4-18 和图 4-19 所示。

图 4-18

图 4-19

7．通道模糊

"通道模糊"特效可以对素材的红、绿、蓝和 Alpha 通道分别进行模糊，还可以指定模糊的方向是水平、垂直或双向。使用这个特效可以创建辉光效果，或使一个图层的边缘附近变得不透明。

在"特效控制台"面板中可以设置特效的参数，如图 4-20 所示，各参数主要用作如下。

"红色模糊度"：用于设置红色通道的模糊程度。

"绿色模糊度"：用于设置绿色通道的模糊程度。

"蓝色模糊度"：用于设置蓝色通道的模糊程度。

"Alpha 模糊度"：用于设置 Alpha 通道的模糊程度。

"边缘特性"：勾选"重复边缘像素"复选框，可以使图像的边缘更加透明化。

"模糊方向"：用于控制图像的模糊方向，包括水平和垂直、水平、垂直 3 种方式。

应用"通道模糊"特效前、后的效果如图 4-21 和图 4-22 所示。

图 4-20

图 4-21

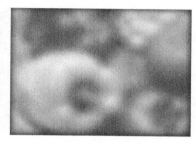

图 4-22

8. 锐化

该特效通过增加相邻像素间的对比度使图像清晰化。应用该特效后，其参数面板如图 4-23 所示。

"锐化数量"：用于调整画面的锐化程度。

应用"锐化"特效前、后的效果如图 4-24 和图 4-25 所示。

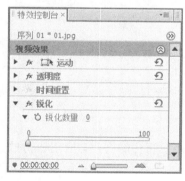

图 4-23

图 4-24

图 4-25

9. 非锐化遮罩

运用该特效，可以调整图像的色彩锐化程度。应用该特效后，其参数面板如图 4-26 所示，各参数主要作用如下。

"数量"：用于设置颜色边缘差别值的大小。

"半径"：用于设置颜色边缘产生差别的范围。

"阈值"：用于设置颜色边缘之间允许的差别范围，值越小，效果越明显。

应用"非锐化遮罩"特效前、后的效果如图 4-27 和图 4-28 所示。

图 4-26 图 4-27 图 4-28

10. 高斯模糊

该特效可以大幅度地模糊图像，使其产生虚化的效果。应用该特效后，其参数面板如图 4-29 所示，各参数主要作用如下。

"模糊度"：用于调节控制影片的模糊程度。

"模糊方向"：用于控制图像的模糊方向，包括水平和垂直、水平、垂直 3 种方式。

应用"高斯模糊"特效前、后的效果如图 4-30 和图 4-31 所示。

图 4-29 图 4-30 图 4-31

4.3.2 通道视频特效

通道视频特效可以对素材的通道进行处理，实现图像颜色、色调、饱和度和亮度等颜色属性的改变。通道视频共包含 7 种特效。

1. 反转

该特效将图像的颜色进行反色显示，使处理后的图像看起来像照片的底片。应用该特效前、后的效果如图 4-32 和图 4-33 所示。

图 4-32 图 4-33

2. 固态合成

该特效可以将一种颜色填充合成图像，放置在原始素材的后面。应用该特效后，其参数面板如图 4-34 所示，各参数主要作用如下。

"源透明度"：用于指定素材层的不透明度。

"颜色"：用于设置新填充图像的颜色。

"透明度"：用于控制新填充图像的不透明度。

"混合模式"：用于设置素材层和填充图像以何种方式混合。

应用"固态合成"特效前、后的效果如图 4-35 和图 4-36 所示。

图 4-34

图 4-35

图 4-36

3. 复合算法

该特效与"混合"特效类似，都是将两个重叠素材的颜色相互组合在一起。应用该特效后，其参数面板如图 4-37 所示，各参数主要作用如下。

"二级源图层"：用于在当前操作中指定原始的图层。

"操作符"：用于选择两个素材的混合模式。

"在通道上操作"：用于选择混合素材进行操作的通道。

"溢出特性"：用于选择两个素材混合后颜色允许的范围。

"伸展二级源以适配"：当素材与混合素材大小相同时，不勾选该复选框，混合素材与原素材将无法对齐重合。

"与原始图像混合"：用于设置混合素材的透明值。

图 4-37

应用"复合算法"特效前、后的效果如图 4-38、图 4-39 和图 4-40 所示。

图 4-38

图 4-39

图 4-40

4. 混合

该特效是将两个通道中的图像按指定方式进行混合，从而达到改变图像色彩的效果。应用该特效后，其参数面板如图 4-41 所示，各参数主要作用如下。

"与图层混合"：用于选择重叠对象所在的视频轨道。

"模式"：用于选择两个素材混合的模式。

"与原始图像混合"：用于设置所选素材与原素材的混合值，值越小，效果越明显。

"如果图层大小不同"：图层的尺寸不同时，该选项用于对图层的对齐方式进行设置。

应用"混合"特效前、后的效果如图 4-42、图 4-43 和图 4-44 所示。

图 4-41

图 4-42

图 4-43

图 4-44

5. 算法

算法特效提供了各种用于图像通道的简单数学运算。应用该特效后，其参数面板如图 4-45 所示，各参数主要作用如下。

"操作符"：用于选择一种计算机的颜色。

"红色值"：用于设置图片要进行计算的红色值。

"绿色值"：用于设置图片要进行计算的绿色值。

"蓝色值"：用于设置图片要进行计算的蓝色值。

"剪切结果值"：裁剪计算得出的数值，创造有效的彩色数值范围。如果不勾选该复选框，一些彩色值可能在计算时会超出彩色数值范围。

应用"算法"特效前、后的效果如图 4-46 和图 4-47 所示。

图 4-45

图 4-46

图 4-47

6. 计算

该特效通过通道混合进行颜色调整。应用该特效后，其参数面板如图 4-48 所示，各参数主要作用如下。

"输入"：用于设置原素材显示的通道。

"输入通道"：用于选择需要显示的通道，其中各选项如下。

（1）"RGBA"：正常输入所有通道。

（2）"灰色"：呈灰色显示原来的 RGBA 图像的亮度。

（3）"红色"、"绿色"、"蓝色"、"Alpha"通道：选择对应的通道，显示对应通道。

"反相输入"：将"输入通道"中选择的通道反相显示。

"二级源"：用于设置与原素材混合的素材。

"二级图层"：用于选择与原素材混合的素材所在的视频轨道。

"二级图层通道"：用于选择与原素材混合显示的通道。其下方选项的作用与"输入"设置框中的"输入通道"相同。

图 4-48

"二级图层透明度"：用于设置与原素材混合的素材的透明度值。

"反相二级图层"：与"反相输入"作用相同，但这里指的是与原素材混合的素材。

"伸展二级图层以适配"：当混合素材小于原素材时，勾选该复选框将在显示最终效果时放大混合素材。

"混合模式"：用于设置原素材与第二信号源的多种混合模式。

"保留透明度"：用于确保被影响素材的透明度不被修改。

应用"计算"特效前、后的效果如图 4-49、图 4-50 和图 4-51 所示。

　　　图 4-49　　　　　　　　　　　图 4-50　　　　　　　　　　　图 4-51

7. 设置遮罩

以当前层的 Alpha 通道取代指定层的 Alpha 通道，使之产生运动屏蔽的效果。应用该特效后，其参数面板如图 4-52 所示，各参数主要作用如下。

"从图层获取遮罩"：该选项用于指定作为蒙版的图层。

"用于遮罩"：选择指定的蒙版层，用于效果处理的通道。

"反相遮罩"：反转蒙版层的透明度。

"伸展遮罩以适配"：用于放大或缩小屏蔽层的尺寸，使之与当前层适配。

"将遮罩与原始图像合成"：使当前层合成新的蒙版，而不是替换原始素材层。

图 4-52

"预先进行遮罩图层正片叠底"：勾选该复选框，软化蒙版层素材的边缘。

应用"设置遮罩"特效前、后的效果如图 4-53、图 4-54 和图 4-55 所示。

图 4-53   图 4-54   图 4-55

4.3.3 色彩校正视频特效

色彩校正视频特效主要用于对视频素材进行颜色校正。该特效共包含 17 种类型。

1. RGB 曲线

该特效通过曲线调整红色、绿色和蓝色通道中的数值，达到改变图像色彩的目的。应用"RGB 曲线"特效前、后的效果如图 4-56 和图 4-57 所示。

图 4-56   图 4-57

2. RGB 色彩校正

该特效通过修改 R、G、B 这 3 个通道中的参数，可以实现图像色彩的改变。应用"RGB 色彩校正"特效前、后的效果如图 4-58 和图 4-59 所示。

图 4-58   图 4-59

3. 三路色彩校正

该特效通过旋转 3 个色盘来调整颜色的平衡。应用"三路色彩校正"特效前、后的效果如图 4-60 和图 4-61 所示。

4. 亮度与对比度

该特效用于调整素材的亮度和对比度，并同时调节所有素材的亮部、暗部和中间色。应用该特效后，其参数面板如图 4-62 所示，各参数主要作用如下。

图 4-60　　　　　　　　　　　　　　　　　　图 4-61

"亮度"：用于调整素材画面的亮度。

"对比度"：用于调整素材画面的对比度。

应用"亮度与对比度"特效前、后的效果如图 4-63 和图 4-64 所示。

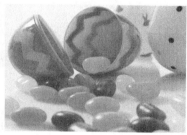

图 4-62　　　　　　　　　图 4-63　　　　　　　　　图 4-64

5. 亮度曲线

该特效通过亮度曲线图实现对图像亮度的调整。应用"亮度曲线"特效前、后的效果如图 4-65 和图 4-66 所示。

图 4-65　　　　　　　　　　　　　　　　　　图 4-66

6. 亮度校正

该特效通过调整亮度进行图像颜色的校正。应用该特效后，其参数面板如图 4-67 所示，各参数主要作用如下。

"输出"：用于设置输出的选项，包括"复合"、"Luma"、"蒙版"和"色调范围"4 个选项，如果勾选"显示拆分视图"复选框，就可对图像进行分屏预览。

"版面"：用于设置分屏预览的布局，包括水平和垂直两个选项。

"拆分视图百分比"：用于对分屏比例进行设置。

"色调范围定义"：用于选择调整的区域。"色调范围"下拉列表中包含了"主"、"高光"、"中间调"和"阴影"4个选项。

"亮度"：用于对图像的亮度进行设置。

"对比度"：用于改变图像的对比度。

"对比度等级"：用于设置对比度的级别。

"辅助色彩校正"：用于设置二级色彩修正。

应用"亮度校正"特效前、后的效果如图4-68和图4-69所示。

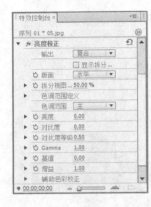

图 4-67

图 4-68

图 4-69

7. 分色

该特效可以准确地指定颜色或者删除图层中的颜色。应用该特效后，其参数面板如图4-70所示，各参数主要作用如下。

"脱色量"：用于设置指定层中需要删除的颜色数量。

"要保留的颜色"：用于设置图像中要保留的颜色。

"宽容度"：用于设置颜色的容差度。

"边缘柔和度"：用于设置颜色分界线的柔化程度。

"匹配颜色"：用于设置颜色的对应模式。

应用"分色"特效前、后的效果如图4-71和图4-72所示。

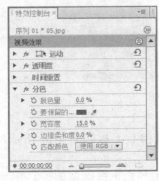

图 4-70

图 4-71

图 4-72

8. 广播级颜色

该特效可以校正广播级的颜色和亮度，使影视作品在电视机中精确地播放。应用该特效后，其参数面板如图 4-73 所示，各参数主要作用如下。

"广播区域"：用于设置 PAL 和 NTSC 两种电视制式。

"如何确保颜色安全"：用于设置实现安全色的方法。

"最大信号波幅（IRE）"：用于限制最大的信号幅度。

应用"广播级颜色"特效前、后的效果如图 4-74 和图 4-75 所示。

图 4-73

图 4-74

图 4-75

9. 快速色彩校正

该特效能够快速地进行图像颜色修正。应用该特效后，其参数面板如图 4-76 所示，各参数主要作用如下。

"输出"：设置输出的选项，包括"复合"、"Luam"和"蒙版"3 个选项，如果勾选"显示拆分视图"复选框，就可对图像进行分屏预览。

"版面"：用于设置分屏预览的布局，包括"水平"和"垂直"两个选项。

"拆分视图百分比"：用于对分屏比例进行设置。

"白平衡"：用于设置白色平衡，数值越大，画面中的白色越多。

"色相平衡和角度"：用于调整色调平衡和角度，可以直接使用色盘改变画面中的色调。

"色相角度"：用于设置色调的补色在色盘上的位置。

"平衡数量级"：用于设置平衡的数量。

"平衡增益"：用于增加白色平衡。

"平衡角度"：用于设置白色平衡的角度。

"饱和度"：用于设置画面颜色的饱和度。

自动黑色阶：单击该按钮，将自动进行黑色级别调整。

自动对比度：单击该按钮，将自动进行对比度调整。

自动白色阶：单击该按钮，将自动进行白色级别调整。

"黑色阶"：用于设置黑色级别的颜色。

"灰色阶"：用于设置灰色级别的颜色。

"白色阶"：用于设置白色级别的颜色。

"输入电平"：对输入的颜色进行级别调整，拖曳该选项颜色条下的 3 个滑块，将对"输入黑色阶"、"输入灰色阶"和"输入白色阶"3 个参数产生影响。

"输出电平"：对输出的颜色进行级别调整，拖曳该选项颜色条下的两个滑块，将对"输出黑色阶"和"输出白色阶"两个参数产生影响。

"输入黑色阶"：用于调节黑色输入时的级别。

"输入灰色阶"：用于调节灰色输入时的级别。

"输入白色阶"：用于调节白色输入时的级别。

"输出黑色阶"：用于调节黑色输出时的级别。

"输出白色阶"：用于调节白色输出时的级别。

应用"快速色彩校正"特效前、后的效果如图 4-77 和图 4-78 所示。

图 4-76   图 4-77   图 4-78

10. 更改颜色

该特效用于改变图像中某种颜色区域的色调。应用该特效后，其参数面板如图 4-79 所示，各参数主要作用如下。

"视图"：用于设置在合成图像中观看的效果，包括"校正的图层"和"色彩校正蒙版"两个选项。

"色相变换"：用于调整色相，以"度"为单位改变所选区域的颜色。

"明度变换"：用于设置所选颜色的明暗度。

"饱和度变换"：用于设置所选颜色的饱和度。

"要更改的颜色"：用于设置图像中要改变的颜色。

"匹配宽容度"：用于设置颜色匹配的相似程度。

"匹配柔和度"：用于设置颜色的柔和度。

"匹配颜色"：用于设置颜色的对应模式，包括"使用 RGB"、"使用色相"和"使用色度"3 个选项。

"反相色彩校正蒙版"：勾选此复选框，可以将颜色进行反向校正。

应用"更改颜色"特效前、后的效果如图 4-80 和图 4-81 所示。

图 4-79   图 4-80   图 4-81

11. 染色

该特效用于调整图像中包含的颜色信息，在最亮和最暗之间确定融合度。应用"染色"特效前、后的效果如图 4-82 和图 4-83 所示。

图 4-82

图 4-83

12. 色彩均化

该特效可以修改图像的像素值，并将其颜色值进行平均化处理。应用该特效后，其参数面板如图 4-84 所示，各参数主要作用如下。

"色调均化"：用于设置平均化的方式，包括"RGB"、"亮度"和"Photoshop 样式"3 个选项。

"色调均化量"：用于设置重新分布亮度值的程度。

应用"色彩均化"特效前、后的效果如图 4-85 和图 4-86 所示。

图 4-84

图 4-85

图 4-86

13. 色彩平衡

应用该特效，可以按照 RGB 颜色调节影片的颜色，以达到校色的目的。应用"色彩平衡"特效前、后的效果如图 4-87 和图 4-88 所示。

图 4-87

图 4-88

14. 色彩平衡（HLS）

通过对图像色相、亮度和饱和度的精确调整，可以实现对图像颜色的改变。应用该特效后，其参数面板如图 4-89 所示，各参数主要作用如下。

"色相"：用于改变图像的色相。

"明度"：用于设置图像的亮度。

"饱和度"：用于设置图像的饱和度。

应用"色彩平衡（HLS）"特效前、后的效果如图 4-90 和图 4-91 所示。

图 4-89

图 4-90

图 4-91

15. 视频限幅器

该特效利用视频限制器对图像的颜色进行调整。应用"视频限幅器"特效前、后的效果如图 4-92 和图 4-93 所示。

图 4-92

图 4-93

16. 转换颜色

该特效可以在图像中选择一种颜色将其转换为另一种颜色的色调、明度和饱和度。应用该特效后，其参数面板如图 4-94 所示，各参数主要作用如下。

"从"：用于设置当前图像中需要转换的颜色，可以利用其右侧的"吸管工具" 在"节目"预览面板中提取颜色。

"到"：用于设置转换后的颜色。

"更改"：用于设置在 HLS 颜色模式下产生影响的通道。

"更改依据"：用于设置颜色转换方式，包括"颜色设置"和"颜色变换"两个选项。

"宽容度"：用于设置色调、明暗度和饱和度的值。

"柔和度"：通过百分比的值控制柔和度。

"查看校正杂边"：通过遮罩控制发生改变的部分。

应用"转换颜色"特效前、后的效果如图 4-95 和图 4-96 所示。

图 4-94

图 4-95

图 4-96

17．通道混合

　　该特效用于调整通道之间的颜色数值，实现图像颜色的调整。通过选择每一个颜色通道的百分比组成可以创建高质量的灰度图像，还可以创建高质量的棕色或其他色调的图像，而且可以对通道进行交换和复制。应用"通道混合"特效前、后的效果如图 4-97 和图 4-98 所示。

图 4-97

图 4-98

4.3.4　课堂案例——脱色特效

　　【案例学习目标】使用色彩校正命令制作脱色特效。

　　【案例知识要点】使用"亮度与对比度"命令制作调整图片的亮度与对比度；使用"分色"命令制作图片的脱色效果；使用"亮度曲线"命令调整图片的亮度；使用"更改颜色"命令改变图片中需要的颜色。脱色特效效果如图 4-99 所示。

　　【效果所在位置】光盘/Ch04/脱色特效. prproj。

　　（1）启动 Premiere Pro CS5 软件，弹出"欢迎使用 Adobe Premiere Pro"界面，单击"新建项目"按钮 ，弹出"新建项目"对话框，设置"位置"选项，选择保存文件路径，在"名称"文本框中输入文件名"脱色特效"，如图 4-100 所示。单击"确定"按钮，弹出"新建序列"

图 4-99

对话框，在左侧的列表中展开"DV-PAL"选项，选中"标准 48kHz"模式，如图 4-101 所示，单击"确定"按钮。

　　（2）选择"文件 > 导入"命令，弹出"导入"对话框，选择光盘中的"Ch04/脱色特效/素材/ 01"文件，单击"打开"按钮，导入图片文件，如图 4-102 所示。导入后的文件排列在"项目"面板中，如图 4-103 所示。

图 4-100　　　　　　　　　　　　　　　　图 4-101

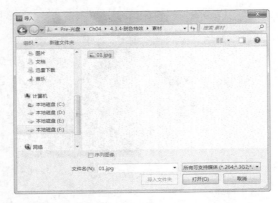

图 4-102

图 4-103

（3）在"项目"面板中选中"01"文件并将其拖曳到"时间线"面板中的"视频 1"轨道中，如图 4-104 所示。在"节目"面板中预览效果，如图 4-105 所示。

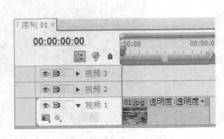

图 4-104

图 4-105

（4）选择"窗口 > 效果"命令，弹出"效果"面板，展开"视频特效"分类选项，单击"色彩校正"文件夹前面的三角形按钮 将其展开，选中"亮度与对比度"特效，如图 4-106 所示。将"亮度与对比度"特效拖曳到"时间线"面板中的"视频 1"轨道的"01"文件上，如图 4-107 所示。

图 4-106

图 4-107

（5）选择"特效控制台"面板，展开"亮度与对比度"特效并进行参数设置，如图 4-108
所示。在"节目"面板中预览效果，如图 4-109 所示。

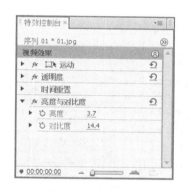

图 4-108

图 4-109

（6）选择"窗口 > 效果"命令，弹出"效果"面板，展开"视频特效"分类选项，
单击"色彩校正"文件夹前面的三角形按钮▷将其展开，选中"分色"特效，如图 4-110
所示。将"分色"特效拖曳到"时间线"面板中的"视频 1"轨道的"01"文件上，如
图 4-111 所示。

图 4-110

图 4-111

（7）选择"特效控制台"面板，展开"分色"特效，在图像上吸取要保留的颜色，其他
参数设置如图 4-112 所示。在"节目"面板中预览效果，如图 4-113 所示。

图 4-112

图 4-113

（8）选择"窗口 > 效果"命令，弹出"效果"面板，展开"视频特效"分类选项，单击"色彩校正"文件夹前面的三角形按钮▶将其展开，选中"亮度曲线"特效，如图 4-114 所示。将"亮度曲线"特效拖曳到"时间线"面板中的"视频 1"轨道的"01"文件上，如图 4-115 所示。

图 4-114

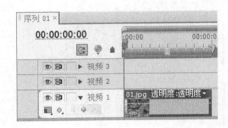

图 4-115

（9）选择"特效控制台"面板，展开"亮度曲线"特效并进行参数设置，如图 4-116 所示。在"节目"面板中预览效果，如图 4-117 所示。

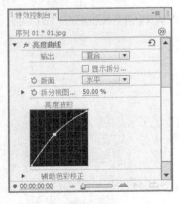

图 4-116

图 4-117

（10）选择"窗口 > 效果"命令，弹出"效果"面板，展开"视频特效"分类选项，单击"色彩校正"文件夹前面的三角形按钮▶将其展开，选中"更改颜色"特效，如图 4-118 所示。将"更改颜色"特效拖曳到"时间线"面板中的"视频 1"轨道的"01"文件上，如图 4-119 所示。

图 4-118

图 4-119

（11）选择"特效控制台"面板，展开"更改颜色"特效并进行参数设置，如图 4-120 所示。脱色特效制作完成，在"节目"面板中预览效果，如图 4-121 所示。脱色特效制作完成。

图 4-120

图 4-121

4.3.5 扭曲视频特效

扭曲视频特效主要是通过对图像进行几何扭曲变形来制作各种画面变形效果，共包含 11 种特效。

1. 偏移

该特效可以根据设置的偏移量对图像进行位移。应用该特效后，其参数面板如图 4-122 所示，各参数主要作用如下。

"将中心转换为"：用于设置偏移的中心点坐标值。

"与原始图像混合"：用于设置偏移的程度，数值越大，效果越明显。

应用"偏移"特效前、后的效果如图 4-123 和图 4-124 所示。

图 4-122

图 4-123

图 4-124

2. 变换

该特效用于对图像的位置、尺寸、透明度及倾斜度等进行综合设置。应用该特效后，其参数面板如图 4-125 所示，各参数主要作用如下。

"定位点"：用于设置定位点的坐标位置。

"位置"：用于设置素材在屏幕中的位置。

"统一缩放"：勾选此复选框，"缩放宽度"将变为不可用，"缩放高度"则变为参数选项，设置比例参数选项时将只能成比例地缩放素材。

"缩放高度"/"缩放宽度"：用于设置素材的高度/宽度。

"倾斜"：用于设置素材的倾斜度。

"倾斜轴"：用于设置素材倾斜的角度。

"旋转"：用于设置素材放置的角度。

"透明度"：用于设置素材的透明度。

"快门角度"：用于设置素材的遮挡角度。

应用"变换"特效前、后的效果如图 4-126 和图 4-127 所示。

图 4-125　　　　　　　　　图 4-126　　　　　　　　　图 4-127

3. 弯曲

应用该特效，可以制作出类似水面上的波纹效果。应用该特效后，其参数面板如图 4-128 所示，各参数主要作用如下。

"水平强度"：用于调整水平方向素材弯曲的程度。

"水平速率"：用于调整水平方向素材弯曲的比例。

"水平宽度"：用于调整水平方向素材弯曲的宽度。

"垂直强度"：用于调整垂直方向素材弯曲的程度。

"垂直速率"：用于调整垂直方向素材弯曲的比例。

"垂直宽度"：用于调整垂直方向素材弯曲的宽度。

应用"弯曲"特效前、后的效果如图 4-129 和图 4-130 所示。

图 4-128　　　　　　　　　图 4-129　　　　　　　　　图 4-130

4．放大

该特效可以将素材的某一部分放大，并可以调整放大区域的透明度，羽化放大区域边缘。应用该特效后，其参数面板如图 4-131 所示，各参数主要作用如下。

"形状"：用于设置放大区域的形状。

"居中"：用于设置放大区域的中心点坐标值。

"放大率"：用于设置放大区域的放大倍数。

"链接"：用于选择放大区域的模式。

"大小"：用于设置产生放大效果区域的尺寸。

"羽化"：用于设置放大区域的羽化值。

"透明度"：用于设置放大部分的透明度。

"缩放"：用于设置缩放的方式。

"混合模式"：用于设置放大部分与原图颜色的混合模式。

"调整图层大小"：只有在"链接"选项中选择了"无"选项，才能勾选该复选框。

应用"放大"特效前、后的效果如图 4-132 和图 4-133 所示。

图 4-131

图 4-132

图 4-133

5．旋转扭曲

该特效可以使图像产生沿中心轴旋转的效果。应用该特效后，其参数面板如图 4-134 所示，各参数主要作用如下。

"角度"：用于设置漩涡的旋转角度。

"旋转扭曲半径"：用于设置产生漩涡的半径。

"旋转扭曲中心"：用于设置产生漩涡的中心点位置。

应用"旋转扭曲"特效前、后的效果如图 4-135 和图 4-136 所示。

图 4-134

图 4-135

图 4-136

6. 波形弯曲

该特效类似于波纹效果，可以对波纹的形状、方向及宽度等进行设置。应用该特效后，其参数面板如图 4-137 所示，各参数主要作用如下。

"波形类型"：用于选择波形的类型模式。

"波形高度"/"波形宽度"：用于设置波形的高度（振幅）/宽度（波长）。

"方向"：用于设置波形旋转的角度。

"波形速度"：用于设置波形的运动速度。

"固定"：用于设置波形面积模式。

"相位"：用于设置波形的角度。

"消除锯齿（最佳品质）"：用于选择波形特效的质量。

应用"波形弯曲"特效前、后的效果如图 4-138 和图 4-139 所示。

图 4-137

图 4-138

图 4-139

7. 球面化

应用该特效可以在素材中制作出球形画面效果。应用该特效后，其参数面板如图 4-140 所示，各参数主要作用如下。

"半径"：用于设置球形的半径值。

"球面中心"：用于设置产生球面效果的中心点位置。

应用"球面化"特效前、后的效果如图 4-141 和图 4-142 所示。

图 4-140

图 4-141

图 4-142

8. 紊乱置换

该特效可以使素材产生类似于流水、旗帜飘动和哈哈镜等的扭曲效果。应用"紊乱置换"特效前、后的效果如图 4-143 和图 4-144 所示。

图 4-143　　　　　　　　　　　　　　　图 4-144

9. 边角固定

应用该特效，可以使图像的 4 个顶点发生变化，达到变形效果。应用该特效后，其参数面板如图 4-145 所示，各参数主要作用如下。

"左上"：用于调整素材左上角的位置。

"右上"：用于调整素材右上角的位置。

"左下"：用于调整素材左下角的位置。

"右下"：用于调整素材右下角的位置。

 提示

除了在"特效控制台"面板中调整参数值外，还有一种比较直观、方便的操作方法。单击"边角固定"按钮，这时在"节目"监视器面板中，图片的 4 个角上将出现 4 个控制柄，调整控制柄的位置就可以改变图片的形状。

应用"边角固定"特效前、后的效果如图 4-146 和图 4-147 所示。

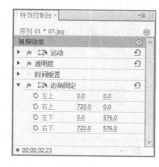

图 4-145　　　　　　　　　图 4-146　　　　　　　　　　　图 4-147

10. 镜像

应用该特效可以将图像沿一条直线分割为两部分，制作出镜像效果。应用该特效后，其参数面板如图 4-148 所示，各参数主要作用如下。

"反射中心"：用于设置镜像效果的中心点坐标值。

"反射角度"：用于设置镜像效果的角度。

应用"镜像"特效前、后的效果如图 4-149 和图 4-150 所示。

11. 镜头扭曲

该特效是模拟一种从变形透境观看素材的效果。应用该特效后，其参数面板如图 4-151 所示，各参数主要作用如下。

图 4-148　　　　　　　　　图 4-149　　　　　　　　　图 4-150

"弯度"：设置素材的弯曲程度。数值为 0 以上的值时将缩小素材，数值为 0 以下的值时将放大素材。

"垂直偏移"：用于设置弯曲中心点垂直方向上的位置。

"水平偏移"：用于设置弯曲中心点水平方向上的位置。

"垂直棱镜效果"：用于设置素材上、下两边棱角的弧度。

"水平棱镜效果"：用于设置素材左、右两边棱角的弧度。

 提示

单击"设置"按钮，弹出"镜头扭曲设置"对话框，在此对话框中可以更直观地进行效果设置，如图 4-152 所示。

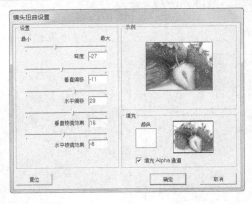

图 4-151　　　　　　　　　　　　　　　图 4-152

应用"镜头扭曲"特效前、后的效果如图 4-153 和图 4-154 所示。

图 4-153　　　　　　　　　　　　　　图 4-154

4.3.6　杂波与颗粒视频特效

杂波与颗粒视频特效主要用于去除素材画面中的擦痕及噪点，共包含 6 种特效。

1. 中值

该特效用于将图像的每一个像素都用它周围像素的 RGB 平均值来代替，从而达到平均整个画面的色值，得到艺术效果的目的。应用"中值"特效前、后的效果如图 4-155 和图 4-156 所示。

图 4-155

图 4-156

2. 杂波

应用该特效，将在画面中添加模拟的噪点效果。应用"杂波"特效前、后的效果如图 4-157 和图 4-158 所示。

图 4-157

图 4-158

3. 杂波 Alpha

该特效可以在一个素材的通道中添加统一或方形的噪波。应用"杂波 Alpha"特效前、后的效果如图 4-159 和图 4-160 所示。

图 4-159

图 4-160

4. 杂波 HLS

该特效可以根据素材的色相、亮度和饱和度添加不规则的噪点。应用该特效后，其参数面板如图 4-161 所示，各参数主要作用如下。

"杂波"：用于设置噪声的类型。

"色相"：用于设置色相通道产生杂质的强度。

"明度"：用于设置亮度通道产生杂质的强度。

"饱和度"：用于设置饱和度通道产生杂质的强度。

"颗粒大小"：用于设置素材中添加杂质的颗粒大小。

"杂波相位"：用于设置杂质的方向角度。

应用"杂波 HLS"特效前、后的效果如图 4-162 和图 4-163 所示。

图 4-161

图 4-162

图 4-163

5. 灰尘与划痕

该特效可以减小图像中的杂色，以达到平衡整个图像色彩的效果。应用该特效后，其参数面板如图 4-164 所示，各参数主要作用如下。

"半径"：用于设置产生柔化效果的半径范围。

"阈值"：用于设置柔化的强度。

应用"灰尘与划痕"特效前、后的效果如图 4-165 和图 4-166 所示。

图 4-164

图 4-165

图 4-166

6. 自动杂波 HLS

该特效可以为素材添加杂色，并设置这些杂色的色彩、亮度、颗粒大小、饱和度及杂质的运动速率。应用"自动杂波 HLS"特效前、后的效果如图 4-167 和图 4-168 所示。

图 4-167

图 4-168

4.3.7　透视视频特效

透视视频特效主要用于制作三维透视效果，使素材产生立体感或空间感。该特效共包含5 种类型。

1. 基本 3D

该特效可以模拟平面图像在三维空间的运动效果，能够使素材绕水平和垂直的轴旋转，或者沿着虚拟的 z 轴移动，以靠近或远离屏幕。此外，使用该特效还可以为旋转的素材表面添加反光效果。应用该特效后，其参数面板如图 4-169 所示，各参数主要作用如下。

"旋转"：用于设置素材水平旋转的角度，当旋转角度为 90°时，可以看到素材的背面，这就成了正面的镜像。

"倾斜"：用于设置素材垂直旋转的角度。

"与图像的距离"：用于设置素材拉近或推远的距离。数值越大，素材距离屏幕越远，看起来越小；数值越小，素材距离屏幕越近，看起来就越大。当数值为负值时，图像会被放大并撑出屏幕之外。

"镜面高光"：用于为素材添加反光效果。

"预览"：用于设置图像以线框的形式显示。

应用"基本 3D"特效前、后的效果如图 4-170 和图 4-171 所示。

图 4-169

图 4-170

图 4-171

2. 径向阴影

该特效为素材添加一个阴影，并可通过原素材的 Alpha 值影响阴影的颜色。应用该特效后，其参数面板如图 4-172 所示，各参数主要作用如下。

"阴影颜色"：用于设置阴影的颜色。

"透明度"：用于设置阴影的透明度。

"光源"：通过调整光源移动阴影的位置。

"投影距离"：用于调整阴影与原素材之间的距离。

"柔和度"：用于设置阴影的边缘柔和度。

"渲染"：用于选择产生阴影的类型。

"颜色影响"：用于原素材在阴影中彩色值的设置。如果这一个素材没有透明因素，彩色值将不会受到影响，而且阴影彩色数值决定了阴影的颜色。

"仅阴影"：勾选此复选框，在节目监视器中将只显示素材的阴影。

"调整图层大小"：用于设置阴影可以超出原素材的界线。如果不勾选此复选框，阴影将只能在原素材的界线内显示。

应用"径向阴影"特效前、后的效果如图 4-173 和图 4-174 所示。

图 4-172　　　　　　　　　图 4-173　　　　　　　　　图 4-174

3．投影

该特效可用于为素材添加阴影。应用该特效后，其参数面板如图 4-175 所示，各参数主要作用如下。

"阴影颜色"：用于设置阴影的颜色。

"透明度"：用于设置阴影的透明度。

"方向"：用于设置阴影投影的角度。

"距离"：用于设置阴影与原素材之间的距离。

"柔和度"：用于设置阴影的边缘柔和度。

"仅阴影"：勾选此复选框，在节目监视器中将只显示素材的阴影。

应用"投影"特效前、后的效果如图 4-176 和图 4-177 所示。

图 4-175　　　　　　　　　图 4-176　　　　　　　　　图 4-177

4．斜角边

该特效能够使图像边缘产生一个凿刻的、高亮的三维效果。边缘的位置由源图像的 Alpha

通道来确定，与斜面 Alpha 效果不同，该效果中产生的边缘总是成直角的。应用该特效后，其参数面板如图 4-178 所示，各参数主要作用如下。

"边缘厚度"：用于设置素材边缘凿刻的高度。

"照明角度"：用于设置光线照射的角度。

"照明颜色"：用于选择光线的颜色。

"照明强度"：用于设置光线照射到素材的强度。

应用"斜角边"特效前、后的效果如图 4-179 和图 4-180 所示。

图 4-178

图 4-179

图 4-180

5. 斜面 Alpha

该特效能够产生一个倒角的边，而且使图像的 Alpha 通道边界变亮，通常是将一个二维图像赋予三维效果，如果素材没有 Alpha 通道或它的 Alpha 通道是完全不透明的，那么这个效果就全应用到素材边缘。应用该特效后，其参数面板如图 4-181 所示，各参数主要作用如下。

"边缘厚度"：用于设置素材边缘的厚度。

"照明角度"：用于设置光线照射的角度。

"照明颜色"：用于选择光线的颜色。

"照明强度"：用于设置光线照射素材的强度。

应用"斜面 Alpha"特效前、后的效果如图 4-182 和图 4-183 所示。

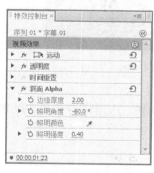

图 4-181

图 4-182

图 4-183

4.3.8　风格化视频特效

风格化视频特效主要是模拟一些美术风格，实现丰富的画面效果。该特效共包含 13 种类型。

1. Alpha 辉光

该特效对含有通道的素材起作用，在通道的边缘部分产生一圈渐变的辉光效果，可以在单色的边缘处或者在边缘运动时变成两个颜色。应用该特效后，其参数面板如图 4-184 所示，各参数主要作用如下。

"发光"：用于设置光晕从素材的 Alpha 通道扩散边缘的大小。

"亮度"：用于设置辉光的强度。

"起始颜色"/"结束颜色"：用于设置辉光内部/外部的颜色。

应用"Alpha 辉光"特效前、后的效果如图 4-185 和图 4-186 所示。

图 4-184

图 4-185

图 4-186

2. 复制

该特效可以将图像复制成指定的数量，并同时在每一个单元中播放出来。在"特效控制台"面板中拖曳"计数"参数选项的滑块，可以设置每行或每列的分块数目。应用"复制"特效前、后的效果如图 4-187 和图 4-188 所示。

图 4-187

图 4-188

3. 彩色浮雕

该特效通过锐化素材中物体的轮廓，使素材产生彩色的浮雕效果。应用该特效后，其参数面板如图 4-189 所示，各参数主要作用如下。

"方向"：用于设置浮雕的方向。

"凸现"：用于设置浮雕压制的明显高度，实际上是设定浮雕边缘的最大加亮宽度。

"对比度"：用于设置图像内容的边缘锐利程度，如果增加参数值，加亮区就变得更明显。

"与原始图像混合"：该参数值越小，上述设置项的效果越明显。

应用"彩色浮雕"特效前、后的效果如图 4-190 和图 4-191 所示。

图 4-189　　　　　　　　图 4-190　　　　　　　　　图 4-191

4．曝光过度

该特效可以沿着画面的正反方向进行混合，从而产生类似于底片在显影时的快速曝光效果。应用"曝光过度"特效前、后的效果如图 4-192 和图 4-193 所示。

图 4-192　　　　　　　　　　　　　　图 4-193

5．材质

该特效可以在一个素材上显示另一个素材纹理。应用该特效后，其参数面板如图 4-194 所示，各参数主要作用如下。

"纹理图层"：用于选择与素材混合的视频轨道。

"照明方向"：用于设置光照的方向，该选项决定纹理图案的亮部方向。

"纹理对比度"：用于设置纹理的强度。

"纹理位置"：用于指定纹理的应用方式。

应用"材质"特效前、后的效果如图 4-195 和图 4-196 所示。

图 4-194　　　　　　　　图 4-195　　　　　　　　　图 4-196

6. 查找边缘

该特效通过强化素材中物体的边缘，使素材产生类似于铅笔素描或底片的效果，而且构图越简单、明暗对比越强烈的素材，描出的线条越清楚。应用该特效后，其参数面板如图4-197所示，各参数主要作用如下。

"反相"：取消勾选此复选框时，素材边缘出现如在白色背景上的黑色线；勾选此复选框时，素材边缘出现如在黑色背景上的明亮线。

"与原始图像混合"：用于设置与原素材混合的程度。数值越小，上述各参数选项设置的效果越明显。

应用"查找边缘"特效前、后的效果如图4-198和图4-199所示。

图4-197

图4-198

图4-199

7. 浮雕

该特效与"彩色浮雕"特效的效果相似，只是没有色彩，它们的各项参数选项都相同，即通过锐化素材中物体的轮廓，使画面产生浮雕效果。应用"浮雕"特效前、后的效果如图4-200和图4-201所示。

图4-200

图4-201

8. 笔触

该特效使素材产生一种使用美术画笔描绘的效果。应用"笔触"特效后，其参数面板如图4-202所示，各参数主要作用如下。

"描绘角度"：用于设置画笔的角度。

"画笔大小"：用于设置笔刷的大小。

"描绘长度"：用于设置笔刷的长度。

"描绘浓度"：用于设置笔触的浓度。

"描绘随机性"：用于设置笔触随机描绘的程度。

"表面上色"：用于设置应用笔触效果的区域。

图4-202

"与原始图像混合"：用于设置与原素材混合的程度。数值越小，上述各参数选项设置的效果越明显。

应用"笔触"特效前、后的效果如图 4-203 和图 4-204 所示。

图 4-203　　　　　　　　　　　　　　　　图 4-204

9. 色调分离

该特效可以将图像按照多色调进行显示，为每一个通道指定色调级别的数值，并将像素映射到最接近的匹配级别。应用"色调分离"特效前、后的效果如图 4-205 和图 4-206 所示。

图 4-205　　　　　　　　　　　　　　　　图 4-206

10. 边缘粗糙

该特效可以使素材的 Alpha 通道边缘粗糙化，从而使素材或者栅格化文本产生一种粗糙的自然外观。应用"边缘粗糙"特效前、后的效果如图 4-207 和图 4-208 所示。

图 4-207　　　　　　　　　　　　　　　　图 4-208

11. 闪光灯

该特效能以一定的周期或随机地对一个素材进行算术运算。例如，每隔 5s 素材就变成白色并显示 0.1s，或素材颜色以随机的时间间隔进行反转。此特效常用来模拟照相机的瞬间强烈闪光效果。应用该特效后，其参数面板如图 4-209 所示，各参数主要作用如下。

"明暗闪动"：用于设置频闪瞬间屏幕上呈现的颜色。

"与原始图像混合"：用于设置与原素材混合的程度。

"明暗闪动持续时间"：用于设置频闪持续的时间。

"明暗闪动间隔时间"：以 s 为单位，设置频闪效果出现的间隔时间。它是从相邻两个频闪效果的开始时间算起的。因此，该选项的数值大于"明暗闪动持续时间"选项时，才会出现频闪效果。

"随机明暗闪动概率"：用于设置素材中每一帧产生频闪效果的概率。

"闪光"：用于设置频闪效果的不同类型。

"闪光运算符"：用于设置频闪时所使用的运算方法。

应用"闪光灯"特效前、后的效果如图 4-210 和图 4-211 所示。

图 4-209

图 4-210

图 4-211

12. 阈值

该特效可以将图像变成灰度模式。应用"阈值"特效前、后的效果如图 4-212 和图 4-213 所示。

图 4-212

图 4-213

13. 马赛克

该特效用若干方形色块填充素材，使素材产生马赛克效果。此效果通常用于模拟低分辨率显示或者模糊图像。应用该特效后，其参数面板如图 4-214 所示，各参数主要作用如下。

"水平块"：用于设置水平方向上的分割色块数量。

"垂直块"：用于设置垂直方向上的分割色块数量。

"锐化颜色"：勾选此复选框，可锐化图像素材。

应用"马赛克"特效前、后的效果如图 4-215 和图 4-216 所示。

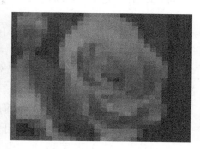

图 4-214　　　　　　　　　　图 4-215　　　　　　　　　　图 4-216

4.3.9　时间视频特效

"时间视频"特效用于对素材的时间特性进行控制。该特效包含了两种类型。

1. 重影

该特效可以将素材中不同时间的多个帧进行同时播放，产生条纹和反射的效果。应用该特效后，其参数面板如图 4-217 所示，各参数主要作用如下。

"回显时间"：用于设置两个混合图像之间的时间间隔。

"重影数量"：用于设置重复帧的数量。

"起始强度"：用于设置素材的亮度。

"衰减"：用于设置组合素材强度减弱的比例。

"重影运算符"：用于确定在回声与素材之间的混合模式。

应用"重影"特效前后的效果如图 4-218 和图 4-219 所示。

图 4-217　　　　　　　　　　图 4-218　　　　　　　　　　图 4-219

2. 抽帧

该特效可以将素材设定为某一个帧率进行播放，产生跳帧的效果。图 4-220 所示为"抽帧"特效设置。

该特效只有一项参数"帧速率"可以设置，当修改素材默认的播放速率后，素材就会按照指定的播放速率进行播放，从而产生跳帧播放的效果。

图 4-220

4.3.10 过渡视频特效

过渡视频特效主要用于两个素材之间进行连接的切换。该特效共包含 5 种类型。

1. 块溶解

该特效通过随机产生的板块对图像进行溶解。应用该特效后，其参数面板如图 4-221 所示，各参数主要作用如下。

"过渡完成"：用于显示当前层画面，数值为 100%时完全显示切换层画面。

"块宽度" / "块高度"：用于设置板块的宽度/高度。

"羽化"：用于设置板块边缘的羽化程度。

"柔化边缘"：勾选此复选框，将对板块边缘进行柔化处理。

应用"块溶解"特效前、后的效果如图 4-222 和图 4-223 所示。

图 4-221

图 4-222

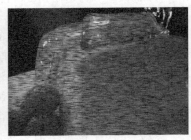

图 4-223

2. 径向擦除

应用该特效，可以围绕指定点以旋转的方式进行图像的擦除。应用该特效后，其参数面板如图 4-224 所示，各参数主要作用如下。

"过渡完成"：用于设置转换完成的百分比。

"起始角度"：用于设置转换效果的起始角度。

"擦除中心"：用于设置擦除的中心点位置。

"擦除"：用于设置擦除的类型。

"羽化"：用于设置擦除边缘的羽化程度。

应用"径向擦除"特效前、后的效果如图 4-225 和图 4-226 所示。

图 4-224

图 4-225

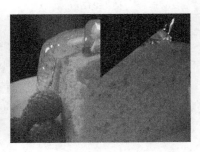

图 4-226

3．渐变擦除

该特效可以根据两个层的亮度值建立一个渐变层，在指定层和原图层之间进行角度切换。应用该特效后，其参数面板如图 4-227 所示，各参数主要作用如下。

"过渡完成"：用于设置转换完成的百分比。

"过渡柔和度"：用于设置转换边缘的柔化程度。

"渐变图层"：用于选择进行参考的渐变层。

"渐变位置"：用于设置渐变层放置的位置。

"反相渐变"：勾选此复选框，将对渐变层进行反转。

应用"渐变擦除"特效前、后的效果如图 4-228 和图 4-229 所示。

图 4-227

图 4-228

图 4-229

4．百叶窗

该特效通过对图像进行百叶窗式的分割，形成图层之间的切换。应用该特效后，其参数面板如图 4-230 所示，各参数主要作用如下。

"过渡完成"：用于设置转换完成的百分比。

"方向"：用于设置素材分割的角度。

"宽度"：用于设置分割的宽度。

"羽化"：用于设置分割边缘的羽化程度。

应用"百叶窗"特效前、后的效果如图 4-231 和图 4-232 所示。

图 4-230

图 4-231

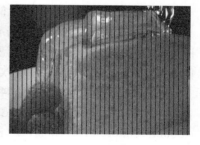

图 4-232

5．线性擦除

该特效通过线条划过的方式形成擦除效果。应用该特效后，其参数面板如图 4-233 所示，各参数主要作用如下。

"过渡完成"：用于设置转换完成的百分比。

"擦除角度"：用于设置素材被擦除的角度。

"羽化"：用于设置擦除边缘的羽化程度。

应用"线性擦除"特效前、后的效果如图 4-234 和图 4-235 所示。

图 4-233

图 4-234

图 4-235

4.3.11 视频特效

该特效只包含"时间码"特效，主要用于对时间码进行显示。

时间码特效可以在影片的画面中插入时间码信息。应用"时间码"特效前、后的效果如图 4-236 和图 4-237 所示。

图 4-236

图 4-237

4.3.12 课堂案例——彩色浮雕效果

【案例学习目标】编辑图像的彩色浮雕效果。

【案例知识要点】使用"缩放比例"选项改变图像的大小；使用"彩色浮雕"命令制作图片的彩色浮雕效果；使用"亮度与对比度"命令调整图像的亮度与对比度。彩色浮雕效果如图 4-238 所示。

【效果所在位置】光盘/Ch04/彩色浮雕效果. prproj。

（1）启动 Premiere Pro CS5 软件，弹出"欢迎使用 Adobe Premiere Pro"界面，单击"新建项目"按钮，弹出"新建项目"对话框，设置"位置"选项，选择保存文件路径，在"名称"文本框中输入文件名"彩色浮雕效果"，如图 4-239 所示。单击"确定"按钮，弹出"新建

图 4-238

序列"对话框，在左侧的列表中展开"DV-PAL"选项，选中"标准 48kHz"模式，如图
4-240 所示，单击"确定"按钮。

图 4-239

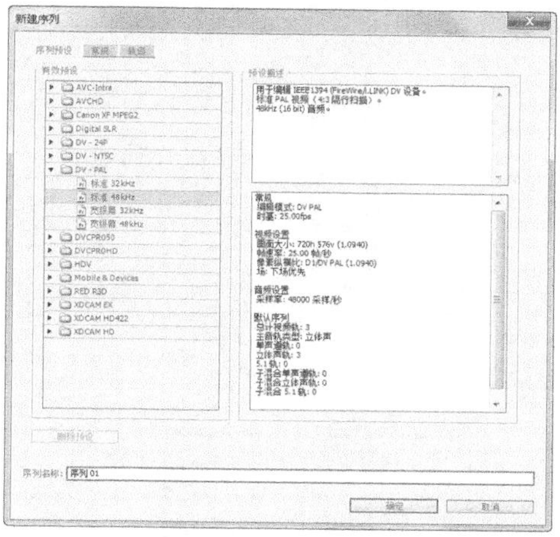

图 4-240

（2）选择"文件 > 导入"命令，弹出"导入"对话框，选择光盘中的"Ch04/彩色浮雕
效果/素材/ 01"文件，单击"打开"按钮，导入图片文件，如图 4-241 所示。导入后的文件
将排列在"项目"面板中，如图 4-242 所示。

图 4-241

图 4-242

（3）在"项目"面板中选中"01"文件，将其拖
曳到"时间线"面板中的"视频 1"轨道中，如图 4-243
所示。

（4）选择"特效控制台"面板，展开"运动"选
项，将"缩放比例"选项设置为 110.0，其他设置如图
4-244 所示。在"节目"面板中预览效果，如图 4-245
所示。

图 4-243

（5）选择"窗口 > 效果"命令，弹出"效果"面
板，展开"视频特效"分类选项，单击"风格化"文件夹前面的三角形按钮将其展开，选
中"彩色浮雕"特效，如图 4-246 所示。将"彩色浮雕"特效拖曳到"时间线"面板中的"视
频 1"轨道"01"文件上，如图 4-247 所示。

图 4-244

图 4-245

图 4-246

图 4-247

（6）选择"特效控制台"面板，展开"彩色浮雕"选项，参数设置如图 4-248 所示。在"节目"面板中预览效果，如图 4-249 所示。

图 4-248

图 4-249

（7）选择"效果"面板，展开"视频特效"分类选项，单击"色彩校正"文件夹前面的三角形按钮▶将其展开，选中"亮度与对比度"特效，如图 4-250 所示。将"亮度与对比度"特效拖曳到"时间线"面板中的"视频 1"轨道"01"文件上。选择"特效控制台"面板，展开"亮度与对比度"选项，参数设置如图 4-251 所示。彩色浮雕效果制作完成，如图 4-252 所示。

图 4-250

图 4-251

图 4-252

4.4 课堂练习——局部马赛克效果

【练习知识要点】使用"裁剪"命令制作图像的裁剪动画；使用"马赛克"命令制作图像的马赛克效果。局部马赛克效果如图 4-253 所示。

【效果所在位置】光盘/Ch04/局部马赛克效果. prproj。

图 4-253

4.5 课后习题——夕阳斜照

【习题知识要点】使用"基本信号控制"命令调整图像的颜色；使用"镜头光晕"命令编辑模拟强光折射效果。夕阳斜照效果如图 4-254 所示。

【效果所在位置】光盘/Ch04/夕阳斜照. prproj。

图 4-254

5 Chapter

第 5 章
调色、抠像、透明与叠加
技术

本章主要介绍在 Premiere Pro CS5 中进行素材调色、抠像与叠加的基础设置方法。调色、抠像与叠加属于 Premiere Pro CS5 剪辑中较高级的应用，它可以使影片通过剪辑，产生完美的画面合成效果。本章案例可以加强读者对相关知识的理解，使读者完全掌握 Premiere Pro CS5 的调色、抠像与叠加技术。

课堂学习目标
- 视频调色基础
- 视频调色技术详解
- 抠像及叠加技术

5.1 视频调色基础

在视频编辑过程中，调整画面的色彩至关重要，因此经常需要将拍摄的素材进行颜色的调整。抠像后也需要通过校色来使当前对象与背景协调。为此，Premiere Pro CS5 提供了一整套的图像调整工具。

在进行颜色校正前，必须保正监视器显示颜色准确，否则调整出来的影片颜色就不准确了。对监视器颜色的校正，除了使用专门的硬件设备外，也可以凭自己的眼睛来校准监视器色彩。

在 Premiere Pro CS5 中，"节目"监视器面板提供了多种素材的显示方式。不同的显示方式对分析影片有着重要的作用。

单击"节目"监视器面板下方的"输出"按钮 ，在弹出的下拉列表中选择面板的不同显示模式，如图 5-1 所示。该下拉列表中的命令的主要作用如下。

"合成视频"：在该模式下显示编辑合成后的影片效果。

"透明通道"：在该模式下显示影片透明通道。

"所有范围"：在该模式下显示所有颜色分析模式，包括波形、矢量、YCbCr 和 RGB。

"矢量图"：在部分电影制作中，会用到"矢量图"和"YC 波形"两种硬件设备，主要用于检测影片的颜色信号。"矢量图"模式主要用于检测色彩信号。信号的色相饱和度构成一个圆形的图表，饱和度从圆心开始向外扩展，越向外，饱和度越高。

从图 5-2 中可以看出，下方素材的饱和度较低，绿色的饱和度信号处于中心位置，而上方的素材饱和度较高，信号开始向外扩展。

图 5-1

图 5-2

"YC 波形"：该模式在用于检测亮度信号时非常有用。它使用 IRE 标准单位进行检测。水平方向轴表示视频图像，垂直方向轴表示检测亮度。在绿色的波形图表中，明亮区域总是处于图表上方，而暗淡区域总在图表下方，如图 5-3 所示。

"YCbCr 检视"：该模式主要用于检测 NTSC 颜色区间。图表中左侧的垂直信号表示影片的亮度，右侧的水平线表示色相区域，水平线上的波形则表示饱和度的高低，如图 5-4 所示。

"RGB 检视"：该模式主要用于检测 RGB 颜色区间。图表中的水平坐标从左到右分别为红、绿和蓝颜色区间，垂直坐标则显示颜色数值，如图 5-5 所示。

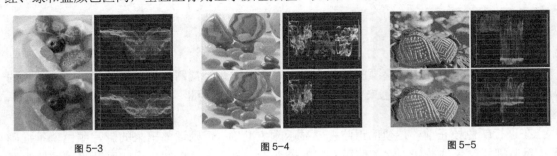

图 5-3　　　　　　　　图 5-4　　　　　　　　图 5-5

5.2 视频调色技术详解

Premiere Pro CS5 的"效果"面板中包含了一些专门用于改变图像亮度、对比度和颜色的特效，这些颜色增强工具集中于"视频特效"文件夹的 3 个子文件夹中，它们分别为"调整"、"图像控制"和"色彩校正"。下面对其分别进行详细介绍。

5.2.1　调整特效

如果需要调整素材的亮度、对比度、色彩以及通道，修复素材的偏色或者曝光不足等缺陷，提高素材画面的颜色及亮度，制作特殊的色彩效果，最好的选择就是使用"调整"特效。该类特效是使用频繁的一类特效，共包含 9 种视频特效。

1.　卷积内核

该特效通过根据运算改变素材中每个像素的颜色和亮度值来改变图像的质感。应用该特效后，其参数面板如图 5-6 所示，各参数主要作用如下。

"M11-M33"：表示像素亮度增效的矩阵，其参数值可在-30～30 之间调整。

"偏移"：用于调整素材的色彩明暗的偏移量。

"缩放"：输入一个数值，在积分操作中包含的像素总和将除以该数值。

应用"卷积内核"特效前、后的效果如图 5-7 和图 5-8 所示。

图 5-6　　　　　　　　图 5-7　　　　　　　　图 5-8

2.　基本信号控制

该特效可以用于调整素材的亮度、对比度和色相，是一个较常用的视频特效。应用"基本信号控制"特效前、后的效果如图 5-9 和图 5-10 所示。

图 5-9

图 5-10

3．提取

该特效可以从视频片段中吸取颜色，然后通过设置灰度的范围控制影像的显示。应用该特效后，其参数面板如图 5-11 所示，各参数主要作用如下。

"输入黑色阶"：表示画面中黑色的提取情况。

"输入白色阶"：表示画面中白色的提取情况。

"柔和度"：用于调整画面的灰度，数值越大，灰度越高。

"反相"：勾选此复选框，将对黑色像素范围和白色像素范围进行反转。

应用"提取"特效前、后的效果如图 5-12 和图 5-13 所示。

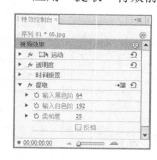

图 5-11

图 5-12

图 5-13

4．照明效果

该特效最多可以为素材添加 5 个灯光照明，以模拟舞台追光灯的效果。用户在该效果对应的"特效控制台"面板中可以设置灯光的类型、方向、强度、颜色和中心点的位置等。应用"照明效果"特效前、后的效果如图 5-14 和图 5-15 所示。

图 5-14

图 5-15

5．自动颜色、自动对比度、自动色阶

使用"自动颜色"、"自动对比度"和"自动色阶"3 个特效可以快速、全面地修整素材，

可以调整素材的中间色调、暗调和高亮区的颜色。"自动颜色"特效主要用于调整素材的颜色；"自动对比度"特效主要用于调整所有颜色的亮度和对比度；"自动色阶"特效主要用于调整暗部和高亮区。

图 5-16 和图 5-17 分别为应用"自动颜色"特效前、后的效果。应用该特效后，其参数面板如图 5-18 所示。

图 5-16   图 5-17   图 5-18

图 5-19 和图 5-20 分别为应用"自动对比度"特效前、后的效果。应用该特效后，其参数面板如图 5-21 所示。

图 5-19   图 5-20   图 5-21

图 5-22 和图 5-23 分别为应用"自动色阶"特效前、后的效果。应用该特效后，其参数面板如图 5-24 所示。

图 5-22   图 5-23   图 5-24

以上 3 种特效均提供了 5 个相同的参数选项，具体含义如下。

"瞬时平滑"：用来设置平滑处理帧的时间间隔。当该选项的值为 0 时，Premiere Pro CS5 将独立地平滑处理每一帧；当该选项的值高于 1 时，Premiere Pro CS5 会在帧显示前以 1s 的时间间隔平滑处理帧。

"场景检测"：在设置了"瞬时平滑"选项值后，该复选框才被激活。勾选此复选框，Premiere Pro CS5 将忽略场景变化。

"减少黑色像素" / "减少白色像素"：用于增加或减小图像的黑色/白色像素。

"与原始图像混合"：用于改变素材应用特效的程度。当该选项的值为 0 时，在素材上可以看到 100%的特效；当该选项的值为 100 时，在素材上可以看到 0%的特效。

"自动颜色"特效还提供了"对齐中性中间调"选项。勾选此复选框，可以调整颜色的灰阶数值。

6. 色阶

该特效的作用是调整影片的亮度和对比度。应用该特效后，其参数面板如图 5-25 所示。单击右上角的"设置"按钮，弹出"色阶设置"对话框，左边显示了当前画面的柱状图，水平方向代表亮度值，垂直方向代表对应亮度值的像素总数。在该对话框上方的下拉列表中，可以选择需要调整的颜色通道，如图 5-26 所示，各参数主要作用如下。

"通道"：在该下拉列表中，可以选择需要调整的通道。

"输入色阶"：用于进行颜色的调整。拖曳下方的三角形滑块，可以改变颜色的对比度。

"输出色阶"：用于调整输出的级别。在该文本框中输入有效数值，可以对素材输出亮度进行修改。

"载入"：单击该按钮，可以载入以前所存储的效果。

"存储"：单击该按钮，可以保存当前的设置。

图 5-25

应用"色阶"特效前、后的效果如图 5-27 和图 5-28 所示。

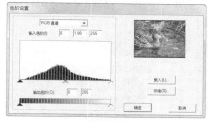

图 5-26

图 5-27

图 5-28

7. 阴影/高光

该特效用于调整素材的阴影和高光区域。应用"阴影/高光"特效前、后的效果如图 5-29 和图 5-30 所示。该特效不应用于整个图像的调暗或增加图像的点亮，但可以单独调整图像高光区域，并基于图像周围的像素。

图 5-29

图 5-30

5.2.2 图像控制特效

图像控制特效的主要用途是对素材进行色彩的特效处理，广泛运用于视频编辑中，可以处理一些前期拍摄中遗留下的缺陷，或使素材达到某种预想的效果。图像控制特效是一组重要的视频特效，包含了 6 种效果。

1. 灰度系数（Gamma）校正

该特效可以通过改变素材中间色调的亮度，实现在不改变素材亮度和阴影的情况下，使素材变得更明亮或更灰暗。应用"灰度系数（Gamma）校正"特效前、后的效果如图 5-31 和图 5-32 所示。

图 5-31   图 5-32

2. 色彩传递

该特效可以将素材中指定颜色以外的其他颜色转化成灰度（黑、白），即保留指定的颜色。该特效对应的"特效控制台"参数面板如图 5-33 所示。单击"设置"按钮，弹出"色彩传递设置"对话框，如图 5-34 所示，各部分主要作用如下。

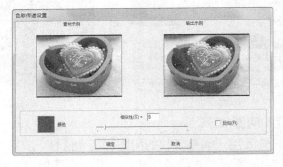

图 5-33   图 5-34

"素材示例"：用于显示素材画面，将鼠标指针移动到此画面中并单击，可以直接在画面中选取颜色。

"输出示例"：用于显示添加了特效后的素材画面。

"颜色"：用于设置要保留的颜色。单击该色块，将弹出"色彩"对话框，从中可以设置要保留的颜色。

"相似性"：用于设置相似色彩的容差值，即增加或减少所选颜色的范围。

"反向"：勾选该复选框，将颜色进行反转，即所选的颜色转变成灰度，而其他颜色保持不变。

应用"色彩传递"特效前、后的效果如图 5-35 和图 5-36 所示。

图 5-35

图 5-36

3．颜色平衡

利用"颜色平衡（RGB）"特效，可以通过对素材的红色、绿色和蓝色进行调整，来达到改变图像色彩效果的目的。应用该特效后，其参数面板如图 5-37 所示。

应用"颜色平衡（RGB）"特效前、后的效果如图 5-38 和图 5-39 所示。

图 5-37

图 5-38

图 5-39

4．颜色替换

该特效可以指定某种颜色，然后使用一种新的颜色替换指定的颜色。设置该特效对应的"特效控制台"参数面板如图 5-40 所示，单击"设置"按钮，弹出"颜色替换"对话框，如图 5-41 所示，各部分主要作用如下。

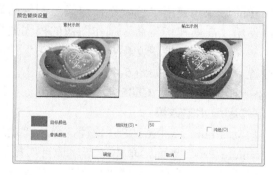

图 5-40

图 5-41

"目标颜色"：用于设置被替换的颜色。选取的方法与"颜色传递设置"对话框中选取的方法相同。

"替换颜色"：用于设置替换当前颜色的颜色。单击颜色块，在弹出的"色彩"对话框中进行设置。

"相似性"：用于设置相似色彩的容差值，即增加或减少所选颜色的范围。

"纯色"：勾选此复选框，该特效将用纯色替换目标色，没有任何过渡。

应用"颜色替换"特效前、后的效果如图 5-42 和图 5-43 所示。

图 5-42

图 5-43

5. 黑白

该特效用于将彩色影像直接转换成黑白灰度影像。应用"黑白"特效前、后的效果如图 5-44 和图 5-45 所示。该特效没有参数选项。

图 5-44

图 5-45

5.2.3　课堂案例——水墨画

【案例学习目标】使用多个特效编辑图像之间的叠加效果。

【案例知识要点】使用"黑白"命令将彩色图像转换为灰度图像；使用"查找边缘"命令制作图像的边缘；使用"色阶"命令调整图像的亮度和对比度；使用"高斯模糊"命令制作图像的模糊效果；使用"字幕"命令输入与编辑文字；使用"运动"选项调整文字的位置。水墨画效果如图 5-46 所示。

【效果所在位置】光盘/Ch05/水墨画. prproj。

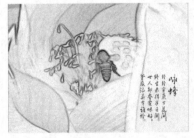

图 5-46

1. 制作图像水墨效果

（1）启动 Premiere Pro CS5 软件，弹出"欢迎使用 Adobe Premiere Pro"界面，单击"新建项目"按钮 ，弹出"新建项目"对话框，设置"位置"选项，选择保存文件路径，在"名称"文本框中输入文件名"水墨画"，如图 5-47 所示。单击"确定"按钮，弹出"新建序列"对话框，在左侧的列表中展开"DV-PAL"选项，选中"标准 48kHz"模式，如图 5-48 所示，单击"确定"按钮。

（2）选择"文件 > 导入"命令，弹出"导入"对话框，选择光盘中的"Ch05/水墨画/素材/ 01"文件，单击"打开"按钮，导入视频文件，如图 5-49 所示。导入后的文件排列在"项目"面板中，如图 5-50 所示。

图 5-47

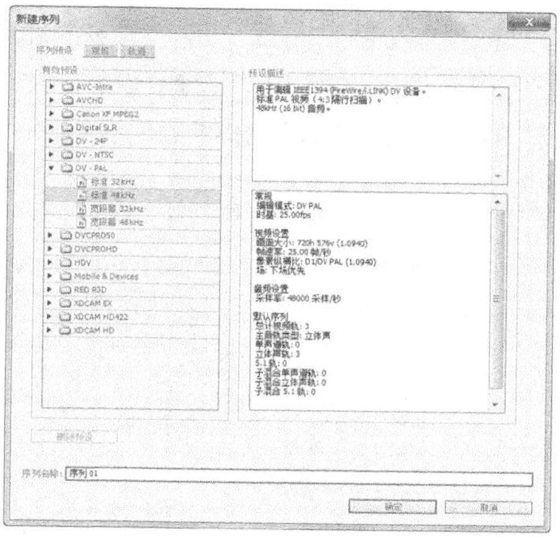

图 5-48

图 5-49

图 5-50

（3）在"项目"面板中选中"01"文件并将其拖曳到"时间线"面板中的"视频 1"轨道中，如图 5-51 所示。

（4）选择"窗口 > 效果"命令，弹出"效果"面板，展开"视频特效"分类选项，单击"图像控制"文件夹前面的三角形按钮▶将其展开，选中"黑白"特效，如图 5-52 所示。将"黑白"特效拖曳到"时间线"面板中的"01"文件上，如图 5-53 所示。在"节目"面板中预览效果，如图 5-54 所示。

图 5-51

图 5-52

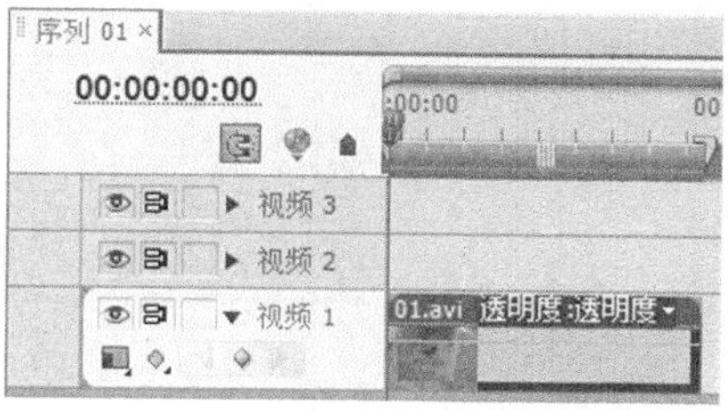

图 5-53

图 5-54

（5）选择"效果"面板，展开"视频特效"分类选项，单击"风格化"文件夹前面的三角形按钮▶将其展开，选中"查找边缘"特效，如图 5-55 所示。将"查找边缘"特效拖曳到"时间线"面板中的"01"文件上，如图 5-56 所示。

图 5-55　　　　　　　　　　　　　　图 5-56

（6）在"特效控制台"面板中展开"查找边缘"特效，将"与原始图"选项设置为 24%，如图 5-57 所示。在"节目"面板中预览效果，如图 5-58 所示。

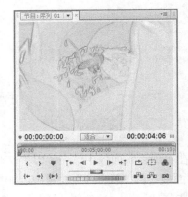

图 5-57　　　　　　　　　　　　　　图 5-58

（7）选择"效果"面板，展开"视频特效"分类选项，单击"调整"文件夹前面的三角形按钮▶将其展开，选中"色阶"特效，如图 5-59 所示。将"色阶"特效拖曳到"时间线"面板中的"01"文件上，如图 5-60 所示。

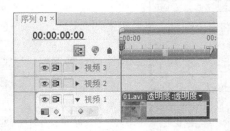

图 5-59　　　　　　　　　　　　　　图 5-60

（8）在"特效控制台"面板中展开"色阶"特效并进行参数设置，如图 5-61 所示。在

"节目"面板中预览效果，如图 5-62 所示。

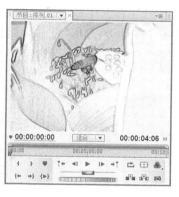

图 5-61　　　　　　　　　　　　　　　　　　图 5-62

（9）选择"效果"面板，展开"视频特效"分类选项，单击"模糊与锐化"文件夹前面的三角形按钮▶将其展开，选中"高斯模糊"特效，如图 5-63 所示。将"高斯模糊"特效拖曳到"时间线"面板中的"01"文件上，如图 5-64 所示。

图 5-63　　　　　　　　　　　　　　　　图 5-64

（10）在"特效控制台"面板中展开"高斯模糊"特效，将"模糊度"选项设置为 5.6，如图 5-65 所示。在"节目"面板中预览效果，如图 5-66 所示。

图 5-65　　　　　　　　　　　　　　　　图 5-66

2. 添加文字

（1）选择"文件 > 新建 > 字幕"命令，弹出"新建字幕"对话框，在"名称"文本框中输入"题词",如图 5-67 所示。单击"确定"按钮,弹出字幕编辑面板,选择"垂直文字"工具 IT,在字幕工作区中输入需要的文字,其他设置如图 5-68 所示。关闭字幕编辑面板,新建的字幕文件自动保存到"项目"面板中。

图 5-67

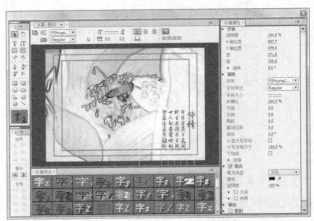

图 5-68

（2）在"项目"面板中选中"题词"层并将其拖曳到"时间线"面板中的"视频 2"轨道中,如图 5-69 所示。在"视频 2"轨道上选中"02"文件,将鼠标指针放在"02"文件的尾部,当鼠标指针呈♦状时,向前拖曳鼠标到适当的位置,如图 5-70 所示。在"节目"面板中预览效果,如图 5-71 所示。水墨画制作完成。

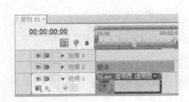

图 5-69

图 5-70

图 5-71

5.3 抠像及叠加技术

在 Premiere Pro CS5 中,用户不仅能够组合和编辑素材,还能够使素材与其他素材相互叠加,从而生成合成效果。一些效果绚丽的复合影视作品就是通过使用多个视频轨道的叠加、透明以及应用各种类型的键控来实现的。虽然 Premiere Pro CS5 不是专用的合成软件,但却有着强大的合成功能,它既可以合成视频素材,也可以合成静止的图像,或者在两者之间相加合成。合成是影视制作过程中一个很常用的重要技术,在 DV 制作过程中也比较常用。

5.3.1 影视合成简介

合成一般用于制作效果比较复杂的影视作品,简称复合影视。它主要是通过使用多个视频素材的叠加、透明以及应用各种类型的键控来实现。在电视制作上，键控也常被称为"抠像"，而在电影制作中，则被称为"遮罩"。Premiere Pro CS5 建立叠加的效果，是在多个视频轨道中的素材实现切换之后，才将叠加轨道上的素材相互叠加的，较高层轨道的素材会叠加在较低层轨道的素材上并在监视器面板中优先显示出来，也就意味着在其他素材的上面播放。

1. 透明

使用透明叠加的原因是每个素材都有一定的不透明度，在不透明度为 0%时，图像完全透明；在不透明度为 100%时，图像完全不透明；不透明度介于两者之间，图像呈半透明。在 Premiere Pro CS5 中，将一个素材叠加在另一个素材上之后，位于轨道上面的素材能够显示其下方素材的部分图像，所利用的就是素材的不透明度。因此，通过素材不透明度的设置，可以制作透明叠加的效果，如图 5-72 所示。

图 5-72

用户可以使用 Alpha 通道、蒙版或键控来定义素材的透明度区域和不透明区域。通过设置素材的不透明度并结合使用不同的混合模式，就可以创建出绚丽多彩的影视视觉效果。

2. Alpha 通道

素材的颜色信息都被保存在 3 个通道中，这 3 个通道分别是红色通道、绿色通道和蓝色通道。另外，在素材中还包含看不见的第 4 个通道，即 Alpha 通道。它用于存储素材的透明度信息。

当在"After Effects Composition"面板或者 Premiere Pro CS5 的监视器面板中查看 Alpha 通道时，白色区域是完全不透明的，而黑色区域则是完全透明的，两者之间的区域是半透明的。

3. 蒙版

"蒙版"是一个层，用于定义层的透明区域。白色区域定义完全不透明的区域，黑色区域定义完全透明的区域，两者之间的区域是半透明的，这点类似于 Alpha 通道。通常，Alpha 通道被用作蒙版，但是使用蒙版定义素材的透明区域要比使用 Alpha 通道更好，因为在很多的原始素材中不包含 Alpha 通道。

4. 键控

前面已经介绍过，进行素材合成时，可以使用 Alpha 通道将不同的素材对象合成到一个场景中。但是，在实际的工作中能够使用 Alpha 通道进行合成的原始素材非常少，因为摄像机是无法产生 Alpha 通道的，这时使用键控（抠像）技术就非常重要了。

键控使用特定的颜色值（颜色键控或者色度键控）和亮度值（亮度键控）来定义视频素材中的透明区域。当断开颜色值时，颜色值或者亮度值相同的所有像素将变为透明。

使用键控可以很容易地为一幅颜色或者亮度一致的视频素材替换背景，这一技术一般称为"蓝屏技术"或"绿屏技术",也就是背景色完全是蓝色或者绿色。当然,也可以是其他颜色的背景,如图 5-73、图 5-74 和图 5-75 所示。

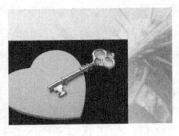
图 5-73

图 5-74

图 5-75

5.3.2 合成视频

在非线性编辑中,每一个视频素材就是一个图层,将这些图层放置于"时间线"面板中的不同视频轨道上以不同的透明度相叠加,即可实现视频的合成效果。

1. 关于合成视频的几点说明

在进行合成视频操作之前,对叠加的使用应注意以下几点。

(1)叠加效果的产生必须是两个或者两个以上的素材,有时为了实现效果,可以创建一个字幕或者颜色蒙版文件。

(2)只能对重叠轨道上的素材应用透明叠加设置。在默认设置下,每一个新建项目都包含两个可重叠轨道——"视频 2"和"视频 3"轨道。当然,也可以另外增加多个重叠轨道。

(3)在 Premiere Pro CS5 中,要叠加效果,需要先合成视频主轨道上的素材(包括过渡转场效果),然后将被叠加的素材叠加到背景素材中去。在叠加过程中,首先叠加较低层轨道的素材,然后再以叠加后的素材为背景来叠加较高层轨道的素材,叠加完成后,最高层的素材就位于画面的顶层。

(4)透明素材必须放置在其他素材之上,将想要叠加的素材放置于叠加轨道——"视频 2"轨道上或者更高的视频轨道上。

(5)背景素材可以放置在视频主轨道"视频 1"或"视频 2"轨道上,即较低层叠加轨道上的素材可以作为较高层叠加轨道上素材的背景。

(6)必须对位于最高层轨道上的素材进行透明设置和调整,否则其下方的所有素材均不能显示出来。

(7)叠加有两种方式:一种是混合叠加方式,另一种是淡化叠加方式。

混合叠加方式是将素材的一部分叠加到另一个素材上,因此,作为前景的素材最好具有单一的底色并且与需要保留的部分对比鲜明,这样很容易将底色变为透明,再叠加到作为背景的素材上,背景在前景素材透明处可见,从而使前景色保留的部分看上去像原来属于背景素材中的一部分一样。

淡化叠加方式通过调整整个前景的透明度,让整个前景暗淡,而背景素材逐渐显现出来,达到一种梦幻或朦胧的效果。

图 5-76 和图 5-77 所示为两种透明叠加方式的效果,依次为混合叠加方式和淡化叠加方式。

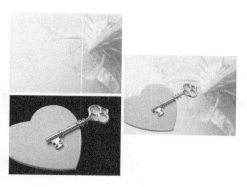
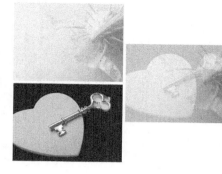

图 5-76

图 5-77

2. 制作透明叠加合成效果

（1）将文件导入到"项目"面板中，如图 5-78 所示。

（2）分别将素材"11.jpg"和"12.jpg"拖曳到"时间线"面板中的"视频 1"和"视频2"轨道上，如图 5-79 所示。

图 5-78

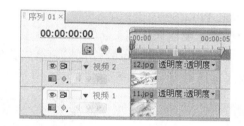

图 5-79

（3）将鼠标指针移动到"视频 2"轨道的"12.jpg"素材的黄色线上，按住<Ctrl>键，当鼠标指针呈 状时单击，创建一个关键帧，如图 5-80 所示。

（4）根据步骤（3）的操作方法在"视频 2"轨道素材上创建第 2 个关键帧，并用鼠标向下拖动第 2 个关键帧（即降低不透明度值），如图 5-81 所示。

图 5-80

图 5-81

（5）按照上述步骤的操作方法在"视频 2"轨道的素材上再创建 4 个关键帧，然后调整第 3 个、第 5 个关键帧的位置，如图 5-82 所示。

（6）将时间标记 移动到轨道开始的位置，然后在"节目"监视器面板中单击"播放-停止切换（Space）"按钮 / 预览效果，如图 5-83、图 5-84 和图 5-85 所示。

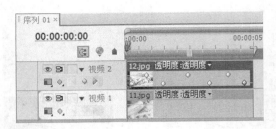

图 5-82

图 5-83

图 5-84

图 5-85

5.3.3　15 种抠像方式的运用

Premiere Pro CS5 中自带了 15 种抠像特效，下面介绍各种抠像特效的使用方法。

1．16 点无用信号遮罩

该特效通过 16 个控制点的位置来调整被叠加图像的大小。应用"16 点无用信号遮罩"特效的效果如图 5-86、图 5-87 和图 5-88 所示。

图 5-86

图 5-87

图 5-88

2．4 点无用信号遮罩

该特效通过 4 个控制点的位置来调整被叠加图像的大小。应用"4 点无用信号遮罩"特效的效果如图 5-89、图 5-90 和图 5-91 所示。

图 5-89

图 5-90

图 5-91

3. 8 点无用信号遮罩

该特效通过 8 个控制点的位置来调整被叠加图像的大小。应用"8 点无用信号遮罩"特效的效果如图 5-92、图 5-93 和图 5-94 所示。

图 5-92

图 5-93

图 5-94

4. Alpha 调整

该特效主要是通过调整当前素材的 Alpha 通道信息（即改变 Alpha 通道的透明度），使当前素材与其下面的素材产生不同的叠加效果。如果当前素材不包含 Alpha 通道，改变的将是整个素材的透明度。应用该特效后，其参数面板如图 5-95 所示，各参数主要作用如下。

图 5-95

"透明度"：用于调整画面的不透明度。

"忽略 Alpha"：勾选此复选框，可以忽略 Alpha 通道。

"反相 Alpha"：勾选此复选框，可以对通道进行反向处理。

"仅蒙版"：勾选此复选框，可以将通道作为蒙版使用。

应用"Alpha 调整"特效的效果如图 5-96、图 5-97 和图 5-98 所示。

图 5-96

图 5-97

图 5-98

5. RGB 差异键

该特效与"亮度键"特效基本相同，可以将某个颜色或者颜色范围内的区域变为透明。应用"RGB 差异键"特效的效果如图 5-99、图 5-100 和图 5-101 所示。

图 5-99

图 5-100

图 5-101

6. 亮度键

运用该特效，可以将被叠加图像的灰色值设置为透明，而且保持色度不变，该特效对明暗对比十分强烈的图像十分有用。应用"亮度键"特效的效果如图 5-102、图 5-103 和图 5-104 所示。

图 5-102 图 5-103 图 5-104

7. 图像遮罩键

运用该特效，可以将相邻轨道上的素材作为被叠加的底纹背景素材。相对于底纹而言，前面画面中的白色区域是不透明的，背景画面的相关部分不能显示出来，黑色区域是透明的区域，灰色区域为部分透明。如果想保持前面的色彩，那么作为底纹的图像，最好选用灰度图像。应用"图像遮罩键"特效的效果如图 5-105 和图 5-106 所示。

图 5-105 图 5-106

8. 差异遮罩

该特效可以叠加两个图像相互不同部分的纹理，保留对方的纹理颜色。应用"差异遮罩"特效的效果如图 5-107、图 5-108 和图 5-109 所示。

图 5-107 图 5-108 图 5-109

9. 极致键

该特效通过指定某种颜色，可以在选项中调整容差值等参数，来显示素材的透明效果。应用"极致键"特效的效果如图 5-110、图 5-111 和图 5-112 所示。

图 5-110

图 5-111

图 5-112

10．移除遮罩

该特效可以将原有的遮罩移除，如将画面中的白色区域或黑色区域进行移除。图 5-113 所示为"移除遮罩"特效的设置。

11．色度键

运用该特效，可以将图像上的某种颜色及相似范围的颜色设置为透明，从而显示后面的图像。该特效适用于纯色背景的图像。在"特效控制台"面板中选择吸管工具，在项目监视器面板中需要抠去的颜色上单击选取颜色，吸取颜色后，调节各项参数，观察抠像效果，如图 5-114 所示。该面板中各参数主要作用如下。

图 5-113

图 5-114

"相似性"：用于设置所选取颜色的容差度。

"混合"：用于设置透明与非透明边界色彩的混合程度。

"阈值"：用于设置素材中蓝色背景的透明度。向左拖动滑块将增加素材透明度，该选项数值为 0 时，蓝色将完全透明。

"屏蔽度"：用于设置前景色与背景色的对比度。

"平滑"：用于调整抠像后素材边缘的平滑程度。

"仅遮罩"：勾选此复选框，将只显示抠像后素材的 Alpha 通道。

应用"色度键"特效的效果如图 5-115、图 5-116 和图 5-117 所示。

图 5-115

图 5-116

图 5-117

12. 蓝屏键

该特效又称为"抠蓝"，用于在画面上进行蓝色叠加。应用该特效后，其参数面板如图 5-118 所示，各参数主要作用如下。

"阈值"：用于调整被添加的蓝色背景的透明度。

"屏蔽度"：用于调节前景图像的对比度。

"平滑"：用于调节图像的平滑度。

"仅蒙版"：勾选此复选框，前景仅作为蒙版使用。

应用"蓝屏键"特效的效果如图 5-119、图 5-120 和图 5-121 所示。

图 5-118

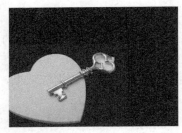

图 5-119

图 5-120

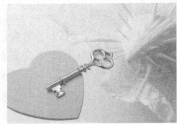

图 5-121

13. 轨道遮罩键

该特效将遮罩层进行适当比例的缩小，并显示在原图层上。应用"轨道遮罩键"特效的效果如图 5-122、图 5-123 和图 5-124 所示。

图 5-122

图 5-123

图 5-124

14. 非红色键

该特效可以叠加具有蓝色背景的素材，并使这类背景产生透明效果。应用"非红色键"特效的效果如图 5-125、图 5-126 和图 5-127 所示。

图 5-125

图 5-126

图 5-127

15.　颜色键

　　使用"颜色键"特效，可以根据指定的颜色将素材中像素值相同的颜色设置为透明。该特效与"色度键"特效类似，同样是在素材中选择一种颜色或一个颜色范围并将它们设置为透明，但"颜色键"特效可以单独调节素材的像素、颜色和灰度值，而"色度键"特效则可以同时调节这些内容。应用"颜色键"特效的效果如图 5-128、图 5-129 和图 5-130 所示。

图 5-128　　　　　　　　　　　　图 5-129　　　　　　　　　　　　图 5-130

5.3.4　课堂案例——抠像效果

　　【案例学习目标】抠出视频文件中的人物。

　　【案例知识要点】使用"色阶"命令调整图像亮度；使用"蓝屏键"命令抠出人物图像；使用"亮度与对比度"命令调整人物的亮度和对比度。抠像效果如图 5-131 所示。

　　【效果所在位置】光盘/Ch05/抠像效果. prproj。

1.　导入视频文件

　　（1）启动 Premiere Pro CS5 软件，弹出"欢迎使用 Adobe Premiere Pro"界面，单击"新建项目"按钮 █，弹出"新建项目"对话框，设置"位置"选项，选择保存文件路径，在"名称"文本框中输入文件名"抠像效果"，如图 5-132 所示。单击"确定"按钮，弹出"新建序列"对话框，在

图 5-131

左侧的列表中展开"DV-PAL"选项，选中"标准 48kHz"模式，如图 5-133 所示，单击"确定"按钮。

图 5-132　　　　　　　　　　　　　　　　　　　图 5-133

（2）选择"文件 > 导入"命令，弹出"导入"对话框，选择光盘中的"Ch05/抠像效果/素材/ 01 和 02"文件，单击"打开"按钮，导入视频文件，如图 5-134 所示。导入后的文件排列在"项目"面板中，如图 5-135 所示。

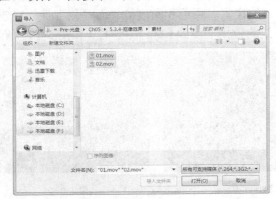

图 5-134

图 5-135

（3）在"项目"面板中选中"01"文件并将其拖曳到"时间线"面板中的"视频 1"轨道中，如图 5-136 所示。将时间指示器放置在 10:02s 的位置，在"视频 1"轨道上选中"01"文件，将鼠标指针放在"01"文件的尾部，当鼠标指针呈 状时，向前拖曳鼠标到 10:02s的位置，如图 5-137 所示。

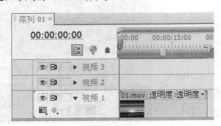

图 5-136

图 5-137

（4）在"项目"面板中选中"02"文件并将其拖曳到"时间线"面板中的"视频 2"轨道中，如图 5-138 所示。单击"时间线"面板中的"02"文件前面的"切换轨道输出"按钮 ，关闭可视性，如图 5-139 所示。

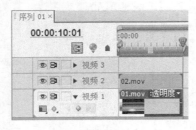

图 5-138

图 5-139

2．抠出视频图像人物

（1）将时间指示器放置在 0s 的位置，选择"特效控制台"面板，展开"运动"选项，将"缩放比例"选项设置为 120.0，如图 5-140 所示。在"节目"面板中预览效果，如图 5-141所示。

图 5-140   图 5-141

（2）选择"窗口 > 效果"命令，弹出"效果"面板，展开"视频特效"分类选项，单击"色彩校正"文件夹前面的三角形按钮▶将其展开，选中"色彩平衡"特效，如图 5-142 所示。将"色彩平衡"特效拖曳到"时间线"面板中的"01"文件上，如图 5-143 所示。

图 5-142   图 5-143

（3）选择"特效控制台"面板，展开"色彩平衡"特效，设置如图 5-144 所示。在"节目"面板中预览效果，如图 5-145 所示。

图 5-144   图 5-145

（4）单击"02"文件前面的"切换轨道输出"按钮👁，打开可视性，如图 5-146 所示。选择"特效控制台"面板，展开"运动"选项，将"缩放比例"选项设置为 120.0，如图 5-147 所示。在"节目"面板中预览效果，如图 5-148 所示。

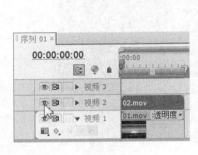

图 5-146　　　　　　　　　　图 5-147　　　　　　　　　　图 5-148

（5）选择"效果"面板，展开"视频特效"分类选项，单击"键控"文件夹前面的三角形按钮▶将其展开，选中"蓝屏键"特效，如图 5-149 所示。将"蓝屏键"特效拖曳到"时间线"面板中的"02"文件上，如图 5-150 所示。

图 5-149　　　　　　　　　　　　图 5-150

（6）选择"特效控制台"面板，展开"蓝屏键"特效，将"阈值"选项设置为 38.8%，"屏蔽度"选项设置为 14.6%，如图 5-151 所示。在"节目"面板中预览效果，如图 5-152 所示。

图 5-151　　　　　　　　　　　　图 5-152

（7）选择"效果"面板，展开"视频特效"分类选项，单击"色彩校正"文件夹前面的三角形按钮▶将其展开，选中"亮度与对比度"特效，如图 5-153 所示。将"亮度与对比度"特效拖曳到"时间线"面板中的"02"文件上，如图 5-154 所示。

图 5-153

图 5-154

（8）选择"特效控制台"面板，展开"亮度与对比度"特效，将"亮度"选项设置为48.5，"对比度"选项设置为 39.8，如图 5-155 所示。抠像效果制作完成，如图 5-156 所示。

图 5-155

图 5-156

5.4　课堂练习——单色保留

【练习知识要点】使用"分色"命令制作图片去色效果。单色保留效果如图 5-157 所示。
【效果所在位置】光盘/Ch05/单色保留. prproj。

图 5-157

5.5　课后习题——颜色替换

【习题知识要点】使用"基本信号控制"命令调整图像的饱和度；使用"更改颜色"命

令改变图像的颜色。颜色替换效果如图 5-158 所示。

【效果所在位置】光盘/Ch05/颜色替换. prproj。

图 5-158

6 Chapter

第 6 章
字幕、字幕特技与运动设置

　　本章主要介绍字幕的制作方法，并对字幕的创建、保存、字幕窗口中的各项功能及使用方法进行了详细地介绍。通过对本章的学习，读者应能掌握编辑字幕的操作技巧。

课堂学习目标

- "字幕"编辑面板
- 创建字幕文字对象
- 编辑与修饰字幕文字
- 创建运动字幕

6.1 "字幕"编辑面板

Premiere Pro CS5 提供了一个专门用来创建及编辑字幕的"字幕"编辑面板,如图 6-1 所示。所有文字的编辑及处理都是在该面板中完成的。其功能非常强大,不仅可以创建各种各样的文字效果,而且能够绘制各种图形。"字幕"编辑面板为用户的文字编辑工作提供了很大的帮助。

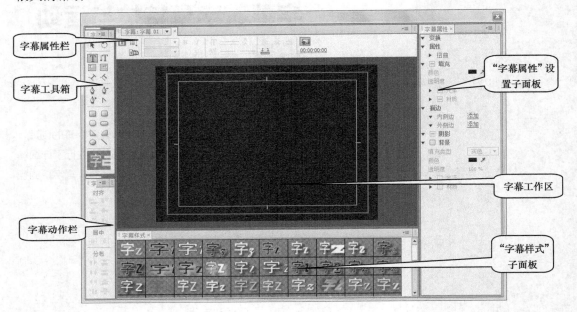

图 6-1

Premiere Pro CS5 的"字幕"编辑面板主要由字幕属性栏、字幕工具箱、字幕动作栏、"字幕样式"子面板、字幕工作区和"字幕属性"设置子面板 6 个部分组成。

6.1.1 字幕属性栏

字幕属性栏主要用于设置字幕的运动类型、字体、加粗、斜体和下画线等,如图 6-2 所示,各个部分的主要作用如下。

图 6-2

"基于当前字幕新建"按钮 📼 :单击该按钮,将弹出如图 6-3 所示的对话框,在该对话框中可以为字幕文件重新命名。

"滚动/游动选项"按钮 📼 :单击该按钮,将弹出"滚动/游动选项"对话框,如图 6-4 所示,在该对话框中可以设置字幕的运动类型。

"字体"列表 04b_31 ▼ :在此下拉列表中可以选择字体。

"字体样式"列表 Regular ▼ :在此下拉列表中可以设置字形。

图 6-3　　　　　　　　　　　　　　　　　　　　图 6-4

"粗体"按钮 B ：单击该按钮，可以将当前选中的文字加粗。

"斜体"按钮 I ：单击该按钮，可以将当前选中的文字倾斜。

"下画线"按钮 U ：单击该按钮，可以为文字设置下画线。

"左对齐"按钮 ≣ ：单击该按钮，将所选对象左边对齐。

"居中对齐"按钮 ≣ ：单击该按钮，将所选对象居中对齐。

"右对齐"按钮 ≣ ：单击该按钮，将所选对象右边对齐。

"制表符设置"按钮 ：单击该按钮，将弹出如图 6-5 所示的对话框。"制表符设置"对话框中各个按钮的主要功能如下。

（1）"左对齐制表符"按钮 ：字符的最左侧都在此处对齐。

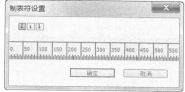

（2）"居中对齐制表符"按钮 ：字符被一分为二，字符串的中间位置就是这个制表符的位置。

（3）"右对齐制表符"按钮 ：字符的最右侧都在此处对齐。

图 6-5

对话框中的区域为添加制表符的区域，可以通过单击刻度尺上方的浅灰色区域来添加制表符。

"显示背景视频"按钮 ：显示当前时间指针所处的位置，可以在时间码的位置输入一个有效的时间值来调整当前显示画面。

6.1.2　字幕工具箱

字幕工具箱提供了一些制作文字与图形的常用工具，如图 6-6 所示。利用这些工具，可以为影片添加标题及文本、绘制几何图形和定义文本样式等。

字幕工具箱中各工具的主要作用如下。

"选择"工具 ：用于选择某个对象或文字。选中某个对象后，在对象的周围会出现带有 8 个控制手柄的矩形，拖曳控制手柄可以调整对象的大小和位置。

"旋转"工具 ：用于对所选对象进行旋转操作。使用旋转工具时，必须先使用选择工具选中对象，然后再使用旋转工具，单击并按住鼠标拖曳即可旋转对象。

"输入"工具 T ：使用该工具在字幕工作区中单击时，会出现文字输入光标，在光标闪烁的位置可以输入文字。另外，使用该工具也可以对输入的文字进行修改。

"垂直文字"工具 ：使用该工具，可以在字幕工作区中输入垂直文字。

图 6-6

"区域文字"工具▦：单击该按钮，在字幕工作区中可以拖曳出文本框。

"垂直区域文字"工具▦：单击该按钮，可在字幕工作区中拖曳出垂直文本框。

"路径文字"工具▨：使用该工具可先绘制一条路径，然后输入文字，且输入的文字平行于路径。

"垂直路径文字"工具▧：使用该工具可先绘制一条路径，然后输入文字，且输入的文字垂直于路径。

"钢笔"工具▨：用于创建路径或调整使用平行或垂直路径工具所输入文字的路径。将钢笔工具置于路径的定位点或手柄上，可以调整定位点的位置和路径的形状。

"删除定位点"工具▨：用于在已创建的路径上删除定位点。

"添加定位点"工具▨：用于在已创建的路径上添加定位点。

"转换定位点"工具▧：用于调整路径的形状，将平滑定位点转换为角定位点，或将角定位点转换为平滑定位点。

"矩形"工具▢：使用该工具，可以绘制矩形。

"圆角矩形"工具▢：使用该工具，可以绘制圆角矩形。

"切角矩形"工具▢：使用该工具，可以绘制切角矩形。

"圆矩形"工具▢：使用该工具，可以绘制圆矩形。

"楔形"工具◹：使用该工具，可以绘制三角形。

"弧形"工具◺：使用该工具，可以绘制圆弧，即扇形。

"椭圆形"工具◯：使用该工具，可以绘制椭圆形。

"直线"工具◺：使用该工具，可以绘制直线。

图 6-7 所示为使用各个图形绘制工具绘制的图形效果。

◎ **提示**

绘制图形时，可以根据需要使用<Shift>键，这样可以快捷地绘制出需要的图形。例如，使用矩形工具，按<Shift>键可以绘制正方形；使用椭圆工具，按<Shift>键可以绘制圆形。

在绘制的图形上单击鼠标右键，将弹出如图 6-8 所示的快捷菜单。在"图形类型"子菜单中单击相应的命令，即可在各种图形之间进行转换，甚至可以将不规则的图形转换成规则的图形。

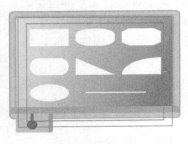

图 6-7

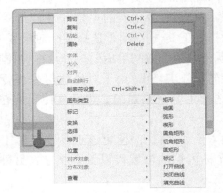

图 6-8

6.1.3　字幕动作栏

字幕动作栏中的各个按钮主要用于快速地排列或者分布文字，如图 6-9 所示，各个按钮主要作用如下。

"水平靠左"按钮▉：以选中的文字或图形的左垂直线为基准对齐。

"垂直靠上"按钮▉：以选中的文字或图形的顶部水平线为基准对齐。

"水平居中"按钮▉：以选中的文字或图形的垂直中心线为基准对齐。

"垂直居中"按钮▉：以选中的文字或图形的水平中心线为基准对齐。

"水平靠右"按钮▉：以选中的文字或图形的右垂直线为基准对齐。

"垂直靠下"按钮▉：以选中的文字或图形的底部水平线为基准对齐。

"垂直居中"按钮▉：使选中的文字或图形在屏幕垂直居中。

"水平居中"按钮▉：使选中的文字或图形在屏幕水平居中。

"水平靠左"按钮▉：以选中的文字或图形左垂直线来分布文字或图形。

"垂直靠上"按钮▉：以选中的文字或图形的顶部线来分布文字或图形。

"水平居中"按钮▉：以选中的文字或图形的垂直中心来分布文字或图形。

"垂直居中"按钮▉：以选中的文字或图形的水平中心来分布文字或图形。

"水平靠右"按钮▉：以选中的文字或图形的右垂直线来分布文字或图形。

"垂直靠下"按钮▉：以选中的文字或图形的底部线来分布文字或图形。

"水平等距间隔"按钮▉：以屏幕的垂直中心线来分布文字或图形。

"垂直等距间隔"按钮▉：以屏幕的水平中心线来分布文字或图形。

图 6-9

6.1.4　字幕工作区

字幕工作区是制作字幕和绘制图形的工作区，它位于"字幕"编辑面板的中心，在工作区中有两个白色的矩形线框，其中内线框是字幕安全框，外线框是字幕动作安全框。如果文字或者图像放置在动作安全框外，那么一些 NTSC 制式的电视中这部分内容将不会被显示出来，即使能够显示，很可能会出现模糊或者变形现象。因此，在创建字幕时最好将文字和图像放置在安全框内。

如果字幕工作区中没有显示安全区域线框，可以通过以下两种方法来显示安全区域线框。

（1）在字幕工作区中单击鼠标右键，在弹出的快捷菜单中选择"查看 > 字幕安全框"命令即可。

（2）选择"字幕 > 查看 > 字幕安全框"命令。

6.1.5　"字幕样式"子面板

在 Premiere Pro CS5 中使用"字幕样式"子面板，可以制作出令人满意的字幕效果。"字幕样式"子面板位于"字幕"编辑面板的中下部，其中包含了各种已经设置好的文字效果和多种字体效果，如图 6-10 所示。

图 6-10

如果要为一个对象应用预设的风格效果，只需选中该对象，然后在"字幕样式"子面板中单击要应用的风格效果即可，如图6-11和图6-12所示。

图6-11   图6-12

6.1.6 "字幕属性"设置子面板

在字幕工作区中输入文字后，可在位于"字幕"编辑面板右侧的"字幕属性"设置子面板中设置文字的具体属性参数，如图6-13所示。"字幕属性"设置子面板分为"变换"、"属性"、"填充"、"描边"、"阴影"和"背景"6个部分，各个部分的主要作用如下。

"变换"：可以设置对象的位置、高度、宽度、旋转角度以及透明度等相关属性。

"属性"：可以设置对象的一些基本属性，如文本的大小、字体、字间距、行间距和字形等相关属性。

"填充"：可以设置文本或者图形对象的颜色和纹理。

"描边"：可以设置文本或者图形对象的边缘，使边缘与文本或者图形主体呈现不同的颜色。

"阴影"：可以为文本或者图形对象设置各种阴影属性。

"背景"：可以设置字幕的背景色及背景色的各种属性。

图6-13

6.2 创建字幕文字对象

利用字幕工具箱中的各种文字工具，用户可以非常方便地创建出水平排列或垂直排列的文字，也可以创建出沿路径行走的文字、水平或者垂直段落文字。

6.2.1 创建水平或垂直排列文字

打开"字幕"编辑面板后，可以利用字幕工具箱中的"输入"工具 T 或"垂直文字"工具 IT 创建水平排列或者垂直排列的字幕文字，其具体操作步骤如下。

（1）在字幕工具箱中选择"输入"工具 T 或"垂直文字"工具 IT 。

（2）在"字幕"编辑面板的字幕工作区中单击并输入文字，效果如图6-14和图6-15所示。

图 6-14

图 6-15

6.2.2　创建路径文字

利用字幕工具箱中的平行或者垂直路径工具可以创建路径文字，具体操作步骤如下。

（1）在字幕工具箱中选择"路径文字"工具或"垂直路径文字"工具。

（2）移动鼠标指针到"字幕"编辑面板的字幕工作区中，此时鼠标指针变为钢笔状，然后在需要输入的位置单击。

（3）将鼠标移动到另一个位置再次单击，此时出现一条曲线，即文本路径。

（4）选择文字输入工具（任何一种都可以），在路径上单击并输入文字即可，效果如图 6-16 和图 6-17 所示。

图 6-16

图 6-17

6.2.3　创建段落字幕文字

利用字幕工具箱中的文本框工具或垂直文本框工具可以创建段落文本，其具体操作步骤如下。

（1）在字幕工具箱中选择"区域文字"工具或"垂直区域文字"工具。

（2）移动鼠标指针到"字幕"编辑面板的字幕工作区中，按住鼠标左键不放，从左上角向右下角拖曳出一个矩形框，然后输入文字，效果如图 6-18 和图 6-19 所示。

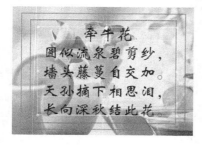

图 6-18

图 6-19

6.2.4 课堂案例——麦斯咖啡

【案例学习目标】输入水平文字。

【案例知识要点】使用"字幕"命令编辑文字；使用"彩色浮雕"命令制作文字的浮雕效果；使用"球面化"命令制作文字的球面化效果。麦斯咖啡效果如图 6-20 所示。

【效果所在位置】光盘/Ch06/麦斯咖啡. prproj。

（1）启动 Premiere Pro CS5 软件，弹出"欢迎使用 Adobe Premiere Pro"界面，单击"新建项目"按钮，弹出"新建项目"对话框，设置"位置"选项，选择保存文件路径，在"名称"文本框中输入文件名"麦斯咖啡"，如图 6-21 所示。单击"确定"按钮，弹出"新建序列"对话框，在左侧的列表中展开"DV-PAL"选项，选中"标准 48kHz"模式，如图 6-22 所示，单击"确定"按钮。

图 6-20

图 6-21

图 6-22

（2）选择"文件 > 导入"命令，弹出"导入"对话框，选择光盘中的"Ch05/麦斯咖啡/素材/ 01"文件，单击"打开"按钮，导入视频文件，如图 6-23 所示。导入后的文件排列在"项目"面板中，如图 6-24 所示。在"项目"面板中选中"01"文件并将其拖曳到"时间线"面板中的"视频 1"轨道中，如图 6-25 所示。

图 6-23

图 6-24

图 6-25

（3）选择"文件 > 新建 > 字幕"命令，弹出"新建字幕"对话框，如图 6-26 所示。单击"确定"按钮，弹出字幕编辑面板，选择"输入"工具 T ，在字幕工作区中输入"麦斯咖啡"，在"字幕样式"子面板中选择"Lithos Pro Pink 33"样式，其他设置如图 6-27 所示。关闭字幕编辑面板，新建的字幕文件自动保存到"项目"面板中。

图 6-26

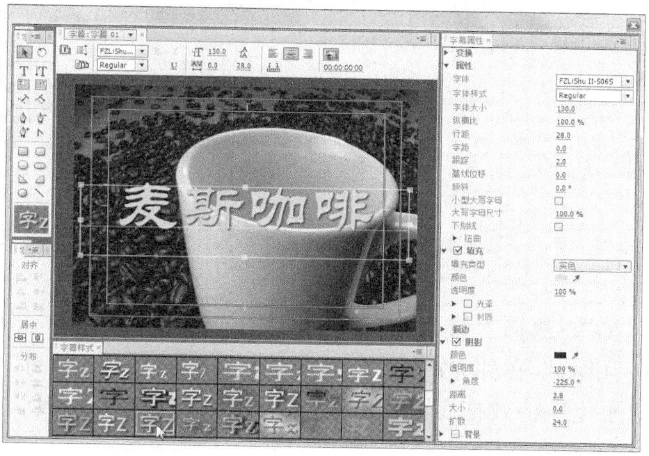

图 6-27

（4）在"项目"面板中选中"字幕 01"文件并将其拖曳到"视频 2"轨道中，如图 6-28 所示。在"视频 1"轨道上选中"01"文件，将鼠标指针放在"01"文件的尾部，当鼠标指针呈 ◄► 状时，向后拖曳鼠标到 09:20s 的位置，如图 6-29 所示。

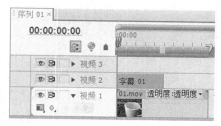

图 6-28

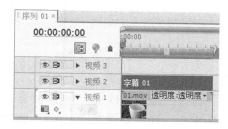

图 6-29

（5）选择"窗口 > 效果"命令，弹出"效果"面板，展开"视频特效"分类选项，单击"风格化"文件夹前面的三角形按钮 ▶ 将其展开，选中"彩色浮雕"特效，如图 6-30 所示。将"彩色浮雕"特效拖曳到"时间线"面板中的"字幕 01"层上，如图 6-31 所示。

图 6-30

图 6-31

（6）选择"特效控制台"面板，展开"彩色浮雕"特效并进行参数设置，如图 6-32 所示。在"节目"面板中预览效果，如图 6-33 所示。

图 6-32

图 6-33

（7）选择"窗口 > 效果"命令，弹出"效果"面板，展开"视频特效"分类选项，单击"扭曲"文件夹前面的三角形按钮，将其展开，选中"球面化"特效，如图 6-34 所示。将"球面化"特效拖曳到"时间线"面板中的"字幕 01"层上，如图 6-35 所示。

图 6-34

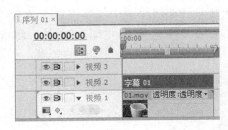

图 6-35

（8）将时间指示器放置在 0s 的位置，选择"特效控制台"面板，展开"球面化"选项，将"球面中心"选项设置为 100.0 和 288.0，单击"半径"和"球面中心"选项前面的记录动画按钮，如图 6-36 所示。将时间指示器放置在 1s 的位置，将"半径"选项设置为 250.0，"球面中心"选项设置为 150.0 和 288.0，如图 6-37 所示。

图 6-36

图 6-37

（9）将时间指示器放置在 4s 的位置，将"半径"选项设置为 250.0，"球面中心"选项设置为 500.0 和 288.0，如图 6-38 所示。将时间指示器放置在 5s 的位置，将"半径"选项设置为 0.0，"球面中心"选项设置为 600.0 和 288.0，如图 6-39 所示。在"节目"面板中预览效果，如图 6-40 所示。麦斯咖啡制作完成，效果如图 6-41 所示。

图 6-38

图 6-39

图 6-40

图 6-41

6.3　编辑与修饰字幕文字

字幕创建完成后，接下来还需要对字幕进行相应的编辑和修饰，下面分别对编辑字幕文字和设置字幕属性进行详细介绍。

6.3.1　编辑字幕文字

1. 文字对象的选择与移动

（1）选择"选择"工具，将鼠标指针移动至字幕工作区，单击要选择的字幕文本即可将其选中，此时在字幕文字的四周将出现带有 8 个控制点的矩形框，如图 6-42 所示。

（2）在字幕文字处于选中的状态下，将鼠标指针移动至矩形框内，单击鼠标并按住左键不放进行拖曳，即可实现对文字对象的移动，效果如图 6-43 所示。

图 6-42

图 6-43

2. 文字对象的缩放和旋转

（1）选择“选择”工具，单击文字对象将其选中。

（2）将鼠标指针移至矩形框的任意一个控制点，当鼠标指针呈、或形状时，按住鼠标左键拖曳即可实现缩放。如果按住<Shift>键的同时拖曳鼠标，可以实现等比例缩放，效果如图 6-44 所示。

（3）在文字处于选中的情况下选择“旋转”工具，将鼠标指针移动至工作区，按住鼠标左键拖曳即可实现旋转操作，效果如图 6-45 所示。

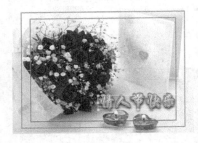

情人节快乐

图 6-44

情人节快乐

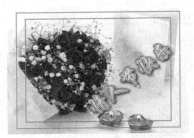

图 6-45

3. 改变文字对象的方向

（1）选择“选择”工具，单击文字对象将其选中。

（2）选择“字幕 > 方向 > 垂直”命令，即可改变文字对象的排列方向，如图 6-46 和图 6-47 所示。

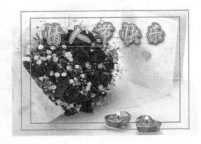

情人节快乐

图 6-46

情人节快乐

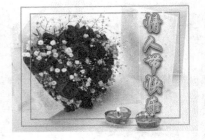

图 6-47

6.3.2 设置字幕属性

通过“字幕属性”设置子面板，用户可以非常方便地对字幕文字进行修饰，包括调整其位置、透明度、文字的字体、字号、颜色和为文字添加阴影等。“字幕属性”设置子面板中各个部分的介绍如下。

1. 变换设置

在“字幕属性”设置子面板的“变换”栏中可以对字幕文字或图形的透明度、位置、高度、宽度以及旋转等属性进行操作，如图 6-48 所示。“变换”栏中各个部分主要作用如下。

变换
透明度 100.0 %
X 轴位置 100.0
Y 轴位置 100.0
宽 100.0
高 100.0
旋转 0.0 °

图 6-48

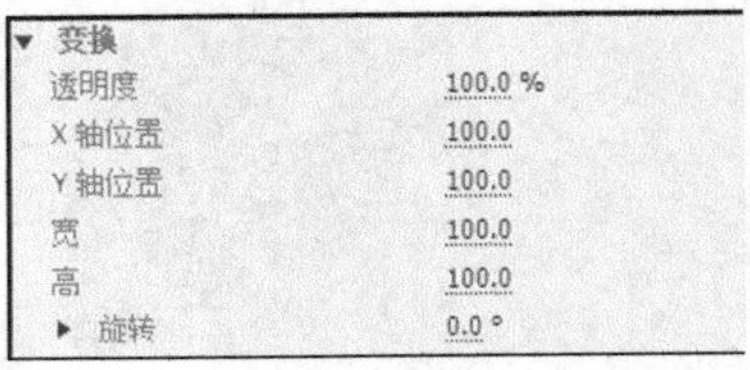

“透明度”：用于设置字幕文字或图形对象的不透明度。

“X 轴位置” / “Y 轴位置”：用于设置文字在画面中所

处的位置。

"宽"/"高"：用于设置文字的宽度/高度。

"旋转"：用于设置文字旋转的角度。

2．属性设置

在"字幕属性"设置子面板的"属性"栏中可以对字幕文字的字体、字体的尺寸、外观以及字距、扭曲等一些基本属性进行设置，如图 6-49 所示。"属性"栏中各个部分主要作用如下。

"字体"：在此选项右侧的下拉列表中可以选择字体。

"字体样式"：在此选项右侧的下拉列表中可以设置字体类型。

"字体大小"：用于设置文字的大小。

"纵横比"：用于设置文字在水平方向上的缩放比例。

"行距"：用于设置文字的行间距。

图 6-49

"字距"：用于设置相邻文字之间的水平距离。

"跟踪"：其功能与"字距"类似，是对选择的多个字符进行字间距的调整，两者的区别是"字距"选项会保持选择的多个字符的位置不变，向右平均分配字符间距，而"跟踪"选项会均匀分配所选择的每一个相邻字符的位置。

"基线位移"：设置文字偏离水平中心线的距离，主要用于创建文字的上标和下标。

"倾斜"：用于设置文字的倾斜程度。

"小型大写字母"：勾选该复选框，可以将所选的小写字母变成大写字母。

"大写字母尺寸"：该选项配合"大写字母"选项使用，可以将显示的大写字母放大或缩小。

"下画线"：勾选此复选框，可以为文字添加下画线。

"扭曲"：用于设置文字在水平方向或垂直方向的变形。

3．填充设置

"字幕属性"设置子面板的"填充"栏主要用于设置字幕文字或者图形的填充类型、颜色和透明度等属性，如图 6-50 所示。"填充"栏各个部分主要作用如下。

"填充类型"：单击该选项右侧的下拉按钮，在弹出的下拉列表中可以选择需要填充的类型，共有 7 种方式供选择。

图 6-50

（1）"实色"：使用一种颜色进行填充，这是系统默认的填充方式。

（2）"线性渐变"：使用两种颜色进行线性渐变填充。当选择该选项进行填充时，"颜色"选项变为渐变颜色栏，分别单击选择一个颜色块，再单击"色彩到色彩"选项颜色块，在弹出的对话框中对渐变开始和渐变结束的颜色进行设置。

（3）"放射渐变"：该填充方式与"线性渐变"类似，不同之处是"线性渐变"使用两种颜色的线性过渡进行填充，"放射渐变"使用两种颜色填充后产生由中心向四周辐射的过渡。

（4）"4 色渐变"：该填充方式使用 4 种颜色的渐变过渡来填充字幕文字或者图形，每种颜色占据文本的一个角。

（5）"斜面"：该填充方式使用一种颜色填充高光部分，另一种颜色填充阴影部分，再通过添加灯光应用可以使文字产生斜面，效果类似于立体浮雕。

（6）"消除"：该填充方式是将文字的实体填充的颜色消除，文字为完全透明。如果为文字添加了描边，采用该方式填充，则可以制作空心的线框文字效果；如果为文字设置了阴影，选择该方式，只能留下阴影的边框。

（7）"残像"：该填充方式使填充区域变为透明，只显示阴影部分。

"光泽"：该选项用于为文字添加辉光效果。

"材质"：使用该选项可以为字幕文字或者图形添加纹理效果，以增强文字或者图形的表现力。纹理填充的图像可以是位图，也可以是矢量图。

4. 描边设置

"描边"栏主要用于设置文字或者图形的描边效果，可以设置内部笔画和外部笔画描边效果，如图 6-51 所示。

图 6-51

应用描边效果，首先单击"添加"选项，添加需要的描边效果。用户可以选择使用"内侧边"或"外侧边"，或者两者一起使用。两种描边效果的参数选项基本相同。

应用描边效果后，可以在"类型"下拉列表中选择描边模式，各个类型主要作用如下。

"深度"：选择该选项后，可以在"大小"参数选项中设置边缘的宽度，在"颜色"参数中设定边缘的颜色，在"透明度"参数选项中设置描边的不透明度，在"填充类型"下拉列表中选择描边的填充方式。

"凸出"：选择该选项，可以使字幕文字或图形产生一个厚度，呈现出立体字的效果。

"凹进"：选择该选项，可以使字幕文字或图形产生一个分离的面，类似于产生透视的投影效果。

5. 阴影设置

"阴影"栏用于添加阴影效果，如图 6-52 所示，各个部分主要作用如下。

"颜色"：用于设置阴影的颜色。单击该选项右侧的颜色块，在弹出的对话框中可以选择需要的颜色。

"透明度"：用于设置阴影的不透明度。

"角度"：用于设置阴影的角度。

"距离"：用于设置文字与阴影之间的距离。

"大小"：用于设置阴影的大小。

"扩散"：用于设置阴影的扩展程度。

图 6-52

6.3.3 课堂案例——璀璨星空

【案例学习目标】输入水平文字。

【案例知识要点】使用"字幕"命令编辑文字；使用"运动"选项改变文字的位置、缩放、角度和透明度；使用"渐变"命令制作文字的倾斜效果；使用"斜面 Alpha"和"RGB 曲线"命令添加文字的金属效果。璀璨星空效果如图 6-53 所示。

【效果所在位置】光盘/Ch06/璀璨星空. prproj。

（1）启动 Premiere Pro CS5 软件，弹出"欢迎使用 Adobe

图 6-53

Premiere Pro"界面，单击"新建项目"按钮 ，弹出"新建项目"对话框，设置"位置"选项，选择保存文件路径，在"名称"文本框中输入文件名"璀璨星空"，如图 6-54 所示。单击"确定"按钮，弹出"新建序列"对话框，在左侧的列表中展开"DV-PAL"选项，选中"标准 48kHz"模式，如图 6-55 所示，单击"确定"按钮。

图 6-54　　　　　　　　　　　　　　　　　　图 6-55

（2）选择"文件 > 导入"命令，弹出"导入"对话框，选择光盘中的"Ch05/璀璨星空/素材/ 01"文件，单击"打开"按钮，导入视频文件，如图 6-56 所示。导入后的文件排列在"项目"面板中，如图 6-57 所示。在"项目"面板中选中"01"文件并将其拖曳到"时间线"面板中的"视频 1"轨道中，如图 6-58 所示。

图 6-56　　　　　　　　　　图 6-57　　　　　　　　图 6-58

（3）选择"文件 > 新建 > 字幕"命令，弹出"新建字幕"对话框，设置如图 6-59 所示。单击"确定"按钮，弹出字幕编辑面板，选择"输入"工具 T ，在字幕工作区中输入"璀璨星空"，其他设置如图 6-60 所示。关闭字幕编辑面板，新建的字幕文件自动保存到"项目"面板中。

（4）在"项目"面板中选中"璀璨星空"文件并将其拖曳到"视频 2"轨道中，如图 6-61 所示。在"视频 1"轨道上选中"璀璨星空"文件，将鼠标指针放在"璀璨星空"文件的尾部，当鼠标指针呈 状时，向后拖曳鼠标到 06:23s 的位置，如图 6-62 所示。

图 6-59

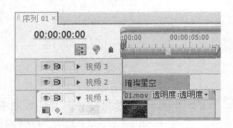

图 6-60

图 6-61

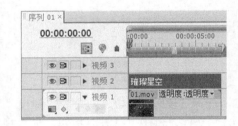

图 6-62

（5）选择"特效控制台"面板，展开"运动"选项，将"位置"选项设置为 545.0 和 -70.0，"缩放比例"选项设置为 20.0，"旋转"选项设为 30.0，单击"位置"、"缩放比例"和"旋转"选项前面的"记录动画"按钮，如图 6-63 所示，添加第 1 个关键帧。将时间指示器放置在 1s 的位置，将"位置"选项设置为 360.0 和 287.0，"缩放比例"选项设置为 100.0，"旋转"选项设为 0.0°，如图 6-64 所示，添加第 2 个关键帧。

图 6-63

图 6-64

（6）将时间指示器放置在 4s 的位置，单击"透明度"选项右侧的"添加/删除关键帧"按钮，添加关键帧，如图 6-65 所示，添加第 1 个关键帧。将时间指示器放置在 04:22s 的位置，将"透明度"选项设置为 0.0%，如图 6-66 所示，添加第 2 个关键帧。

图 6-65　　　　　　　　　　　　　　　　　图 6-66

（7）选择"窗口 > 效果"命令，弹出"效果"面板，展开"视频特效"分类选项，单击"生成"文件夹前面的三角形按钮将其展开，选中"渐变"特效，如图 6-67 所示。将"渐变"特效拖曳到"时间线"面板中的"璀璨星空"层上，如图 6-68 所示。

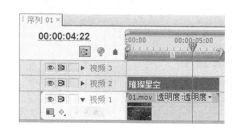

图 6-67　　　　　　　　　　　　　　　　　图 6-68

（8）将时间指示器放置在 1s 的位置，选择"特效控制台"面板，展开"渐变"特效，将"起始颜色"设置为橘黄色（其 R、G、B 的值分别为 255、156、0），"结束颜色"设置为红色（其 R、G、B 的值分别为 255、0、0），其他参数设置如图 6-69 所示。在"节目"面板中预览效果，如图 6-70 所示。

图 6-69　　　　　　　　　　　　　　　　　图 6-70

（9）在"渐变"特效选项中单击"渐变起点"和"渐变终点"选项前面的记录动画按钮，如图 6-71 所示。将时间指示器放置在 4s 的位置，将"渐变起点"选项设置为 450.0 和 134.0，"渐变终点"选项设置为 260.0 和 346.0，如图 6-72 所示。在"节目"面板中预览效果，如图6-73 所示。

图 6-71　　　　　　　　　　　图 6-72　　　　　　　　　　图 6-73

（10）选择"效果"面板，展开"视频特效"分类选项，单击"透视"文件夹前面的三角形按钮将其展开，选中"斜面 Alpha"特效，如图 6-74 所示。将"斜面 Alpha"特效拖曳到"时间线"面板中的"璀璨星空"层上，如图 6-75 所示。

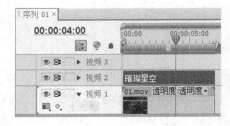

图 6-74　　　　　　　　　　　　　　　　图 6-75

（11）选择"特效控制台"面板，展开"斜面 Alpha"特效并进行参数设置，如图 6-76 所示。在"节目"面板中预览效果，如图 6-77 所示。

图 6-76　　　　　　　　　　　　　　　　图 6-77

（12）选择"效果"面板，展开"视频特效"分类选项，单击"色彩校正"文件夹前面的三角形按钮将其展开，选中"RGB 曲线"特效，如图 6-78 所示。将"RGB 曲线"特效拖曳到"时间线"面板中的"璀璨星空"层上，如图 6-79 所示。

图 6-78　　　　　　　　　　　　　　　　　　　　　　　图 6-79

（13）选择"特效控制台"面板，展开"RGB 曲线"特效并进行参数设置，如图 6-80 所示。在"节目"面板中预览效果，如图 6-81 所示。璀璨星空制作完成。

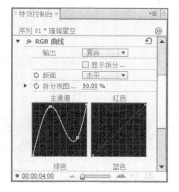

图 6-80　　　　　　　　　　　　　　　　　　　　　　　图 6-81

6.4　创建运动字幕

在观看电影时，经常会看到影片的开头和结尾都有滚动文字出现，这些滚动文字用于显示导演与演员的姓名等，或是用于显示影片中出现的人物对白。这些文字可以通过使用视频编辑软件添加到视频画面中。Premiere Pro CS5 中提供了垂直滚动和水平滚动的字幕效果。

6.4.1　制作垂直滚动字幕

制作垂直滚动字幕的具体操作步骤如下。

（1）启动 Premiere Pro CS5，在"项目"面板中导入素材并将素材添加到"时间线"面板中的视频轨道上。

（2）选择"字幕 > 新建字幕 > 默认静态字幕"命令，在弹出的"新建字幕"对话框中设置字幕的名称，单击"确定"按钮，打开"字幕"编辑面板，如图 6-82 所示。

（3）选择"输入"工具，在字幕工作区中单击并按住鼠标左键拖曳出一个文字输入的范围框，然后输入文字内容并对文字属性进行相应的设置，效果如图 6-83 所示。

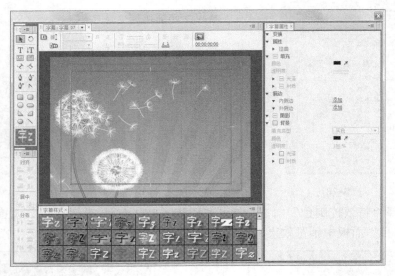

图 6-82

（4）单击"滚动/游动选项"按钮![icon]，在弹出的对话框中选中"滚动"单选项，在"时间（帧）"栏中勾选"开始于屏幕外"和"结束于屏幕外"复选框，其他参数设置如图 6-84 所示。

图 6-83

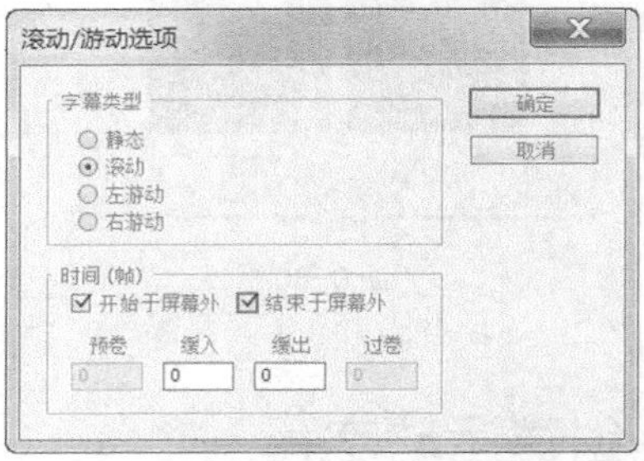

图 6-84

（5）单击"确定"按钮，再单击"字幕"编辑面板右上角的"关闭"按钮，关闭字幕编辑面板，返回到 Premiere Pro CS5 的工作界面，此时制作的字符将会自动保存在"项目"面板中。从"项目"面板中将新建的字幕添加到"时间线"面板的"视频 2"轨道上，并将其调整为与轨道 1 中的素材等长，如图 6-85 所示。

（6）单击"节目"监视器面板下方的"播放-停止切换"按钮![icon]/![icon]，即可预览字幕的垂直滚动效果，效果如图 6-86 和图 6-87 所示。

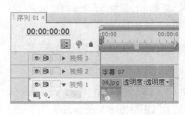

图 6-85

图 6-86

图 6-87

6.4.2 制作横向滚动字幕

制作横向滚动字幕与制作垂直滚动字幕的操作基本相同，其具体操作步骤如下。

（1）启动 Premiere Pro CS5，在"项目"面板中导入素材并将素材添加到"时间线"面板中的视频轨道上，然后创建一个字幕文件。

（2）选择"输入"工具 [T]，在字幕工作区中输入需要的文字并对文字属性进行相应的设置，效果如图 6-88 示。

（3）单击"滚动/游动选项"按钮 [▤]，在弹出的对话框中选中"右游动"单选项，在"时间（帧）"栏中勾选"开始于屏幕外"和"结束于屏幕外"复选框，其他参数设置如图 6-89 所示。

图 6-88

图 6-89

（4）单击"确定"按钮，再单击"字幕"编辑面板右上角的"关闭"按钮，关闭字幕编辑面板，返回到 Premiere Pro CS5 的工作界面，此时制作的字符将会自动保存在"项目"面板中，从"项目"面板中将新建的字幕添加到"时间线"面板的"视频 2"轨道上，如图 6-90 所示。

（5）单击"节目"监视器面板下方的"播放-停止切换"按钮 [▶]/[■]，即可预览字幕的横向滚动效果，效果如图 6-91 和图 6-92 所示。

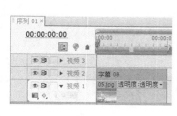
图 6-90

图 6-91

图 6-92

6.5 课堂练习——影视快车

【练习知识要点】使用"轨道遮罩键"命令制作文字蒙版；使用"缩放比例"选项制作文字大小动画；使用"透明度"选项制作文字不透明动画效果。影视快车效果如图 6-93 所示。

图 6-93

【效果所在位置】光盘/Ch06/影视快车. prproj。

6.6 课后习题——节目片头

【习题知识要点】使用"字幕"命令编辑文字和图形；使用"运动"选项改变文字的位置、缩放、角度和透明度；使用"照明效果"命令制作背景的照明效果。节目片头效果如图6-94 所示。

【效果所在位置】光盘/Ch06/节目片头. prproj。

图 6-94

第 7 章
加入音频效果

本章主要对音频及音频特效的应用与编辑进行介绍，重点讲解调音台、制作录音效果及添加音频特效等内容。通过对本章内容的学习，读者可以完全掌握 Premiere Pro CS5 的声音特效制作方法。

课堂学习目标

- 关于音频效果
- 使用调音台调节音频
- 调节音频
- 使用时间线面板合成音频
- 分离和链接视音频
- 添加音频特效

7.1 关于音频效果

Premiere Pro CS5 音频改进后功能十分强大，不仅可以编辑音频素材、添加音效、单声道混音、制作立体声和 5.1 环绕声，还可以使用"时间线"面板进行音频的合成工作。

在 Premiere Pro CS5 中可以很方便地处理音频，同时，Premiere Pro CS5 还提供了一些处理特效，如声音的摇摆和声音的渐变等。

在 Premiere Pro CS5 中对音频素材进行处理主要有以下 3 种方式。

（1）在"时间线"面板的音频轨道上通过修改关键帧的方式对音频素材进行操作，如图 7-1 所示。

（2）使用菜单命令中相应的命令来编辑所选的音频素材，如图 7-2 所示。

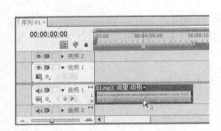

图 7-1   图 7-2

（3）在"效果"面板中为音频素材添加"音频特效"来改变音频素材的效果，如图 7-3 所示。

选择"编辑 > 首选项 > 音频"命令，在弹出的"首选项"对话框中，可以对音频素材属性的使用进行初始设置，如图 7-4 所示。

图 7-3   图 7-4

7.2　使用调音台调节音频

Premiere Pro CS5 大大加强了处理音频的能力，处理音频更加专业化。"调音台"面板可以更加有效地调节节目的音频，如图 7-5 所示。

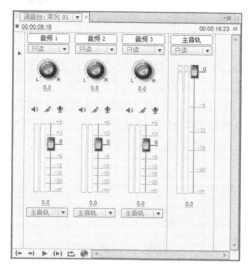

图 7-5

"调音台"面板可以实时混合"时间线"面板中各轨道的音频对象。用户可以在"调音台"面板中选择相应的音频控制器进行调节，该控制器主要调节它在"时间线"面板中对应的音频对象。

7.2.1　认识"调音台"面板

"调音台"由若干个轨道音频控制器、主音频控制器和播放控制器组成。每个控制器都使用控制按钮和调节滑杆调节音频。下面对"调音台"面板的各个组成部分进行介绍。

1.　轨道音频控制器

"调音台"中的轨道音频控制器用于调节其相对轨道上的音频对象，控制器 1 对应"音频 1"、控制器 2 对应"音频 2"，依此类推。轨道音频控制器的数目由"时间线"面板中的音频轨道数目决定，当在"时间线"面板中添加音频时，"调音台"面板中将自动添加一个轨道音频控制器与其对应。

轨道音频控制器由控制按钮、声音调节滑轮及音量调节滑杆组成，各个部分的主要作用如下。

（1）控制按钮。轨道音频控制器中的控制按钮可以设置音频调节时的调节状态，如图 7-6 所示。

"静音轨道"：单击"静音"按钮，该轨道音频设置为静音状态。

"独奏轨"：单击"独奏"按钮，其他未选中独奏按钮的轨道音频会自动设置为静音状态。

"激活录制轨"：激活"录音"按钮，可以利用输入设备将声音录制到目标轨道上。

（2）声音调节滑轮。如果对象为双声道音频，就可以使用声道调节滑轮调节播放声道。向左拖曳滑轮，输出到左声道（L），可以增加音量；向右拖曳滑轮，输出到右声道（R），并且音量增大。声道调节滑轮如图7-7所示。

图 7-6　　　　　　　　　　　　　　　　　　　图 7-7

（3）音量调节滑杆。通过音量调节滑杆，可以控制当前轨道音频对象的音量，Premiere Pro CS5 以分贝数显示音量。向上拖曳滑杆，可以增加音量；向下拖曳滑杆，可以减小音量。下方数值栏中显示当前音量，用户也可直接在数值栏中输入声音分贝数。播放音频时，面板左侧为音量表，显示音频播放时的音量大小；音量表顶部的小方块显示系统所能处理的音量极限，当方块显示为红色时，表示该音频量超过极限，音量过大。音量调节滑杆如图 7-8 所示。

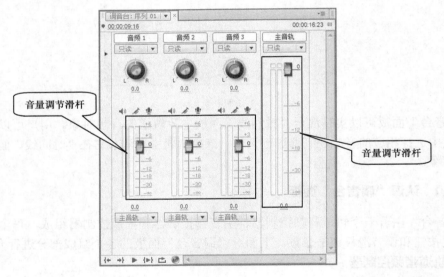

图 7-8

使用主音频控制器可以调节"时间线"面板中所有轨道上的音频对象。主音频控制器的使用方法与轨道音频控制器相同。

2．播放控制器

播放控制器用于音频播放，使用方法与监视器面板中的播放控制栏相同，如图 7-9 所示。

图 7-9

7.2.2 设置"调音台面板"

单击"调音台"面板右上方的按钮，在弹出的快捷菜单中对面板进行相关设置，如图 7-10 所示，各个命令主要作用如下。

（1）"显示/隐藏轨道"：该命令可以对"调音台"面板中的轨道进行隐藏或显示设置。

选择该命令，在弹出的如图 7-11 所示的对话框中会显示左侧的☑图标的轨道。

（2）"显示音频时间单位"：该命令可以在时间标尺上以音频单位进行显示，如图 7-12 所示。

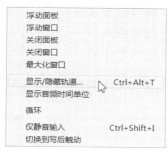

图 7-10

图 7-11

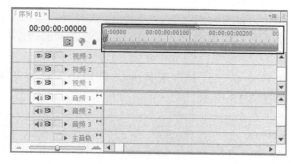

图 7-12

（3）"循环"：该命令被选定的情况下，系统会循环播放音乐。

在编辑音频时，一般情况下以波形来显示图标，这样可以更直观地观察声音变化状态。在音频轨道左侧的控制面板中单击按钮，在弹出的列表中选择"显示波形"，即可在图标上显示音频波形，如图 7-13 所示。

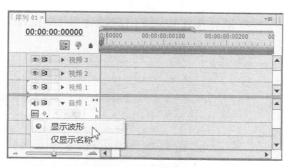

图 7-13

7.3　调节音频

"时间线"面板中每个音频轨道上都有音频淡化控制，用户可通过音频淡化器调节音频素材的电平，也可以调节整个音频素材增益，同时保持为素材调制的电平稳定不变。音频淡化器的初始状态为中低音量，相当于录音机表中的 0 dB。

在 Premiere Pro CS5 中，用户可以通过淡化器调节工具或者调音台调制音频电平。在 Premiere Pro CS5 中，对音频的调节分为"素材"调节和"轨道"调节。对素材调节时，音频的改变仅对当前的音频素材有效，删除素材后，调节效果就消失了；而轨道调节仅针对当前音频轨道进行调节，所有在当前音频轨道上的音频素材都会在调节范围内受到影响。使用实时记录时，只能针对音频轨道进行调节。

在音频轨道控制面板左侧单击按钮 ◇ ，可在弹出的列表中选择音频轨道的显示内容，如图 7-14 所示。

图 7-14

7.3.1 使用淡化器调节音频

在图 7-14 所示的列表中选择"显示素材关键帧"、"显示轨道关键帧"，可以分别调节素材、轨道的音量，具体操作方法如下。

（1）默认情况下，音频轨道面板卷展栏是关闭的。单击卷展控制按钮 ▷ ，使其变为 ▽ 状态，展开轨道。

（2）选择"钢笔"工具 ◇ 或"选择"工具 ▶ ，使用该工具拖曳音频素材（或轨道）上的黄线即可调整音量，如图 7-15 所示。

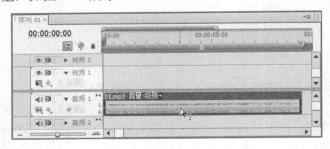

图 7-15

（3）按住<Ctrl>键的同时将鼠标指针移动到音频淡化器上，指针将变为带有加号的箭头，如图 7-16 所示。

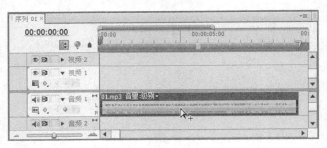

图 7-16

（4）单击添加一个关键帧，用户可以根据需要添加多个关键帧。单击并按住鼠标左键上下拖曳关键帧。关键帧之间的直线指示音频素材是淡入或者淡出：一条递增的直线表示音频淡入，另一条递减的直线表示音频淡出，如图 7-17 所示。

（5）用鼠标右键单击素材，选择"音频增益"命令，在弹出的对话框中选中"标准化所有峰值为"单选项，可以使音频素材自动匹配到最佳音量，如图 7-18 所示。

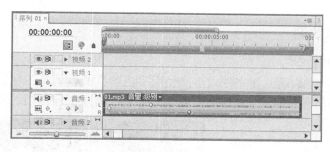

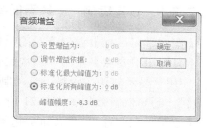

图 7-17　　　　　　　　　　　　　　　　　　图 7-18

7.3.2　实时调节音频

使用 Premiere Pro CS5 的"调音台"面板调节音量非常方便，用户可以在播放音频时实时进行音量调节。使用调音台调节音频电平的方法如下。

（1）在"时间线"面板轨道控制面板左侧单击按钮 ◎ ，在弹出的列表中选择"显示轨道卷"选项。

（2）在"调音台"面板上方需要进行调节的轨道上单击"只读"下拉列表框，在弹出的下拉列表中进行设置，如图 7-19 所示。下拉列表中各命令主要作用如下。

"关"：选择该命令，系统会忽略当前音频轨道上的调节，仅按默认设置播放。

"只读"：选择该命令，系统会读取当前音频轨道上的调节效果，但是不能记录音频调节过程。

"锁存"：当使用自动书写功能实时播放记录调节数据时，每调节一次，下一次调节时调节滑块在上一次调节点之后的位置。当单击停止按钮停止播放音频后，当前调节滑块位置会自动转为音频对象在进行当前编辑前的参数值。

"触动"：当使用自动书写功能实时播放记录调节数据时，每调节一次，下一次调节时调节滑块初始位置会自动转为音频对象在进行当前编辑前的参数值。

"写入"：当使用自动书写功能实时播放记录调节数据时，每调节一次，下一次调节时调节滑块在上一次调节后的位置。在调音台中激活需要调节轨自动记录状态下，一般情况下选择"写入"即可。

（3）单击"播放-停止切换"按钮 ▶ ，"时间线"面板中的音频素材开始播放。拖曳音量控制滑杆进行调节，调节完成后，系统会自动记录结果，如图 7-20 所示。

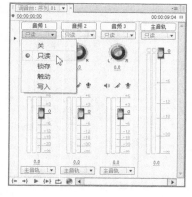

图 7-19　　　　　　　　　　　　　　　　图 7-20

7.3.3 课堂案例——超重低音效果

【案例学习目标】编辑音频的重低音。

【案例知识要点】使用"缩放比例"选项改变文件大小；使用"色阶"命令调整图像亮度；使用"显示轨道关键帧"选项制作音频的淡出与淡入；使用"低通"命令制作音频的低音效果。超重低音效果如图 7-21 所示。

【效果所在位置】光盘/Ch07/超重低音效果. prproj。

1. 调整视频文件亮度

（1）启动 Premiere Pro CS5 软件，弹出"欢迎使用 Adobe Premiere Pro"界面，单击"新建项目"按钮 ，弹出"新建项目"对话框，设置"位置"选项，选择保存文件路径，在"名称"文本框中输入文件名"超重低音效果"，如图 7-22 所示。单击"确定"按钮，弹出"新建序列"对话框，在左侧的列表中展开"DV-PAL"

图 7-21

选项，选中"标准 48kHz"模式，如图 7-23 所示，单击"确定"按钮。

图 7-22

图 7-23

（2）选择"文件 > 导入"命令，弹出"导入"对话框，选择光盘中的"Ch07 /超重低音效果/素材/01 和 02"文件，单击"打开"按钮，导入视频和音频文件，如图 7-24 所示。导入后的文件排列在"项目"面板中，如图 7-25 所示。

图 7-24

图 7-25

（3）在"项目"面板中选中"01"文件并将其拖曳到"时间线"面板中的"视频 1"轨道中，如图 7-26 所示。将时间指示器放置在 10s 的位置，在"视频 1"轨道上选中"01"文件，将鼠标指针放在"01"文件的尾部，当鼠标指针呈╋状时，向前拖曳鼠标到 10s 的位置，如图 7-27 所示。

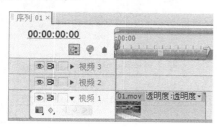

图 7-26

图 7-27

（4）将时间指示器放置在 0s 的位置，选择"特效控制台"面板，展开"运动"选项，将"缩放比例"选项设置为 120.0，如图 7-28 所示。在"节目"面板中预览效果，如图 7-29 所示。

图 7-28

图 7-29

（5）选择"窗口 > 效果"命令，弹出"效果"面板，展开"视频特效"选项，单击"调整"文件夹前面的三角形按钮 ▷ 将其展开，选中"色阶"特效，如图 7-30 所示，将"色阶"特效拖曳到"时间线"面板中的"01"文件上，如图 7-31 所示。

图 7-30

图 7-31

（6）选择"特效控制台"面板，展开"色阶"特效，将"（RGB）输入黑色阶"选项设置为 45，"（RGB）输入白色阶"选项设置为 220，其他设置如图 7-32 所示。在"节目"面板中预览效果，如图 7-33 所示。

图 7-32

图 7-33

2. 制作音频超低音

（1）在"项目"面板中选中"02"文件，单击鼠标右键，在弹出的快捷菜单中选择"覆盖"命令，将"02"音频文件插入到"时间线"面板中的"音频1"轨道中，如图 7-34 所示。

（2）在"时间线"面板中选中"02"文件，按<Ctrl>+<C>组合键复制"02"文件，单击"音频1"轨道前面的"轨道锁定开关"按钮🔒，锁定该轨道，如图 7-35 所示，然后单击"音频2"轨道，按<Ctrl>+<V>组合键粘贴"02"文件到"音频2"轨道中，如图 7-36 所示。取消"音频1"轨道锁定。

图 7-34　　　　　　　　　　图 7-35　　　　　　　　　　图 7-36

（3）在"音频2"轨道上的"02"文件上单击鼠标右键，在弹出的快捷菜单中选择"重命名"命令，如图 7-37 所示。在弹出的"重命名素材"对话框中输入"低音效果"，单击"确定"按钮，如图 7-38 所示。

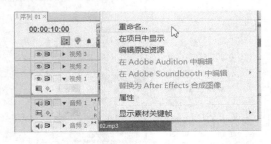

图 7-37

图 7-38

（4）将时间指示器放置在 0s 的位置，在"音频1"轨道中的"02"文件前面的"显示关键帧"按钮◎上单击，在弹出的列表中选择"显示轨道关键帧"选项，如图 7-39 所示。单击"02"文件前面的"添加-移除关键帧"按钮◎，添加第1个关键帧，并在"时间线"面板中将"02"文件中的关键帧移至最低层，如图 7-40 所示。

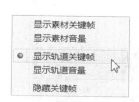

图 7-39　　　　　　　　　　　　　　　　　图 7-40

（5）将时间指示器放置在 01:24s 的位置，单击"音频 1"轨道中的"02"文件前面的"添加-移除关键帧"按钮，如图 7-41 所示，添加第 2 个关键帧。用鼠标拖曳"02"文件中的关键帧移至顶层，如图 7-42 所示。

图 7-41　　　　　　　　　　　　　　　　　图 7-42

（6）将时间指示器放置在 08:00s 的位置，单击"音频 1"轨道中的"02"文件前面的"添加-移除关键帧"按钮，如图 7-43 所示，添加第 3 个关键帧。将时间指示器放置在 09:19s 的位置，单击"音频 1"轨道中的"02"文件前面的"添加-移除关键帧"按钮，将"02"文件中的关键帧移至最低层，如图 7-44 所示，添加第 4 个关键帧。

图 7-43　　　　　　　　　　　　　　　　　图 7-44

（7）选择"窗口 > 效果"命令，弹出"效果"面板，展开"音频特效"选项，单击"立体声"文件夹前面的三角形按钮 ▷ 将其展开，选中"低通"特效，如图 7-45 所示。将"低通"特效拖曳到"时间线"面板中的"低音效果"文件上，如图 7-46 所示。

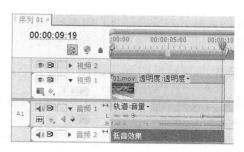

图 7-45　　　　　　　　　　　　　　　　　图 7-46

（8）选择"特效控制台"面板，展开"低通"特效，将"屏蔽度"选项设置为400.0Hz，如图7-47所示。在"节目"面板中预览效果，如图7-48所示。

图7-47   图7-48

（9）选中"低音效果"文件，选择"素材 > 音频选项 > 音频增益"命令，弹出"音频增益"对话框，将"设置增益为"设置为"15dB"，单击"确定"按钮，如图7-49所示。选择"窗口 > 调音台"命令，打开"调音台"面板。播放试听最终音频效果时会看到"音频2"轨道的电平显示，这个声道是低音频，可以看到低音的电平很强，而实际听到音频中的低音效果也非常丰满，如图7-50所示。

（10）超重低音效果制作完成，如图7-51所示。

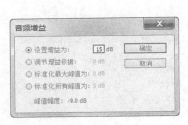

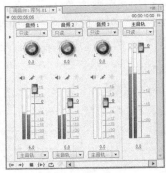

图7-49   图7-50   图7-51

7.4 使用"时间线"面板合成音频

将所需要的音频导入到"项目"面板后，接下来就可以对音频素材进行编辑了。本节主要介绍对音频素材的编辑处理和各种操作方法。

7.4.1 调整音频持续时间和速度

与视频素材的编辑一样，应用音频素材时，可以对其播放速度和时间长度进行修改设置，具体操作步骤如下。

（1）选中要调整的音频素材，选择"素材 > 速度/持续时间"命令，弹出"素材速度/持续时间"对话框，在"持续时间"文本框中可以对音频素材的持续时间进行调整，如图

7-52 所示。

（2）在"时间线"面板中直接拖曳音频的边缘，可改变音频轨上音频素材的长度。也可利用"剃刀"工具 ，将音频素材多余的部分切除掉，如图 7-53 所示。

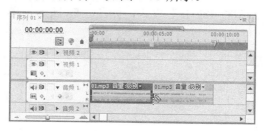

图 7-52　　　　　　　　　　　　　　　图 7-53

7.4.2　音频增益

音频增益指的是音频信号的声调高低。当一个视频片段同时拥有几个音频素材时，就需要平衡这几个素材的增益。如果一个素材的音频信号太高或太低，就会严重影响播放时的音频效果。可通过以下步骤设置音频素材增益。

（1）选择"时间线"面板中需要调整的素材，被选择的素材周围会出现黑色实线，如图 7-54 所示。

（2）选择"素材 > 音频选项 > 音频增益"命令，弹出"音频增益"对话框，将鼠标指针移动到对话框的数值上，当指针变为手形标记时，单击并按住鼠标左键左右拖曳，增益值将被改变，如图 7-55 所示。

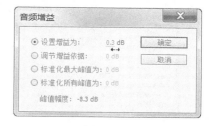

图 7-54　　　　　　　　　　　　　　　图 7-55

（3）完成设置后，可以通过"源"面板查看处理后的音频波形变化，播放修改后的音频素材，试听音频效果。

7.4.3　课堂案例——声音的变调与变速

【案例学习目标】改变音频的时间长度和声音播放速度。

【案例知识要点】使用"速度/持续时间"命令编辑视频播放快慢效果；使用"平衡"命令调整音频的左右声道；使用"PitchShifter"（音调转换）命令调整音频的速度与音调。声音的变调与变速效果如图 7-56 所示。

【效果所在位置】光盘/Ch07/声音的变调与变速. prproj。

1. 分离音频文件

（1）启动 Premiere Pro CS5 软件，弹出"欢迎使用 Adobe

图 7-56

Premiere Pro"界面，单击"新建项目"按钮 📄，弹出"新建项目"对话框，设置"位置"选项，选择保存文件路径，在"名称"文本框中输入文件名"声音的变调与变速"，如图 7-57 所示。单击"确定"按钮，弹出"新建序列"对话框，在左侧的列表中展开"DV-PAL"选项，选中"标准 48kHz"模式，如图 7-58 所示，单击"确定"按钮。

图 7-57   图 7-58

（2）选择"文件 > 导入"命令，弹出"导入"对话框，选择光盘中的"Ch07/声音的变调与变速/素材/01 和 02"文件，单击"打开"按钮，导入视频和音频文件，如图 7-59 所示。导入后的文件排列在"项目"面板中，如图 7-60 所示。

图 7-59   图 7-60

（3）在"项目"面板中选中"01"文件并将其拖曳到"时间线"面板中的"视频 1"轨道中，如图 7-61 所示。按<Ctrl>+<R>组合键，弹出"素材速度/持续时间"对话框，将"速度"选项设置为 75%，如图 7-62 所示，单击"确定"按钮，在"时间线"面板中的显示如图 7-63 所示。

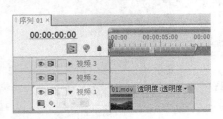

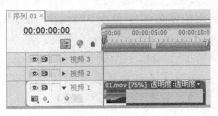

图 7-61   图 7-62   图 7-63

（4）在"项目"面板中分别选中"02""03"文件并将其拖曳到"时间线"面板中的"音频 1""音频 2"轨道中，如图 7-64 所示。在"时间线"面板中选中"03"文件。按<Ctrl>+<R>组合键，弹出"素材速度/持续时间"对话框，将"速度"选项设置为 82%，如图 7-65 所示，单击"确定"按钮，在"时间线"面板中的显示如图 7-66 所示。

图 7-64　　　　　　　　　　　图 7-65　　　　　　　　　　图 7-66

2. 调整音频的速度

（1）选择"窗口 > 效果"命令，弹出"效果"面板，展开"音频特效"选项，单击"立体声"文件夹前面的三角形按钮▷将其展开，选中"平衡"特效，如图 7-67 所示。将"平衡"特效拖曳到"时间线"面板中的"02"文件上，如图 7-68 所示。

（2）选择"特效控制台"面板，展开"平衡"特效，将"平衡"选项设置为 100.0，并设置为只有右声道有声音，如图 7-69 所示。

图 7-67　　　　　　　　　　图 7-68　　　　　　　　　　图 7-69

（3）选择"效果"面板，展开"音频特效"选项，单击"立体声"文件夹前面的三角形按钮▷将其展开，选中"平衡"特效，如图 7-70 所示。将"平衡"特效拖曳到"时间线"面板中的"海浪"文件上，如图 7-71 所示。

（4）选择"特效控制台"面板，展开"平衡"特效，将"平衡"选项设置为-100.0，并设置为只有左声道有声音，如图 7-72 所示。

图 7-70

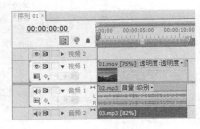

图 7-71

图 7-72

（5）选择"效果"面板，展开"音频特效"选项，单击"立体声"文件夹前面的三角形按钮 ▷ 将其展开，选中"PitchShifter"（音调转换）特效，如图 7-73 所示。将"PitchShifter"特效拖曳到"时间线"面板中的"03"文件上，如图 7-74 所示。

图 7-73

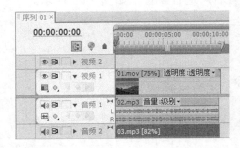

图 7-74

（6）选择"特效控制台"面板，展开"PitchShifter"特效，展开"自定义设置"选项，将"Pitch"选项设置为 5，其他设置如图 7-75 所示，声音的变调与变速制作完成，如图 7-76所示。

图 7-75

图 7-76

7.5　分离和链接视音频

　　在编辑工作中，经常需要将"时间线"面板中的视音频链接素材的视频和音频部分分离。用户可以完全打断或者暂时释放链接素材的链接关系并重新设置各部分。

　　Premiere Pro CS5 中的音频素材和视频素材有两种链接关系：硬链接和软链接。如果链接的视频和音频来自于一个影片文件，它们就是硬链接，"项目"面板中只显示一个素材，硬链接是在素材输入 Premiere Pro CS5 之前建立的，在"时间线"面板中显示为相同的颜色，如图 7-77 所示。

　　软链接是在"时间线"面板建立的链接。用户可以在"时间线"面板为音频素材和视频素材建立软链接。软链接类似于硬链接，但链接的素材在"项目"面板保持着各自的完整性，在序列中显示为不同的颜色，如图 7-78 所示。

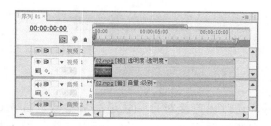

图 7-77　　　　　　　　　　　　　　　　图 7-78

　　如果要打断链接在一起的视音频，在轨道上选择对象，单击鼠标右键，在弹出的快捷菜单中选择"解除视音频链接"命令即可，如图 7-79 所示。被打断的视音频素材可以单独进行操作。

　　如果要把分离的视音频素材链接在一起作为一个整体进行操作，则只需要框选需要链接的视音频，单击鼠标右键，在弹出的快捷菜单中选择"链接视频和音频"命令即可，如图 7-80 所示。

图 7-79　　　　　　　　　　　　　　　　图 7-80

7.6　添加音频特效

　　Premiere Pro CS5 提供了 20 多种的音频特效，可以通过特效产生回声、合声以及去除噪声的效果，还可以使用扩展的插件得到更多的控制。

7.6.1 为素材添加特效

音频素材的特效添加方法与视频素材的特效添加方法相同，这里不再赘述。可以在"效果"面板中展开"音频特效"设置栏，分别在不同的音频模式文件夹中选择音频特效进行设置，如图 7-81 所示。

在"音频过渡"设置栏下，Premiere Pro CS5 还为音频素材提供了简单的切换方式，如图 7-82 所示。为音频素材添加切换的方法与视频素材相同。

图 7-81

图 7-82

7.6.2 设置轨道特效

除了可以对轨道上的音频素材设置特效外，还可以直接对音频轨道添加特效。首先在调音台中展开目标轨道的特效设置栏，单击右侧设置栏上的小三角，弹出音频特效下拉列表，如图 7-83 所示，在下拉列表中选择需要使用的音频特效即可。可以在同一个音频轨道上添加多个特效并分别控制，如图 7-84 所示。

图 7-83

图 7-84

如果要调节轨道的音频特效，可以单击鼠标右键，在弹出的下拉列表中选择设置，如图

7-85 所示。在下拉列表中选择"编辑"命令，可以在弹出的"特效设置"对话框中进行更详细地设置。图 7-86 所示为"Phaser"的详细调整面板。

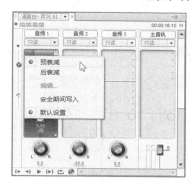

图 7-85

图 7-86

7.6.3 音频效果简介

5.1 音频文件夹下包含如下音频特效：选频、多功能延迟、Chorus、DeClicker、DeCrackler、DeEsser、DeHummer、DeNoiser（降噪）、Dynamics（编辑器）、EQ（均衡）、Flanger、Multiband Compressor（多频带压缩）、低通、低音、Phaser、PitchShifter、Reverb（混响）、Spectral Noise Reduction、去除指定频率、参数均衡、反相、声道音量、延迟、音量、高通和高音。

立体声文件夹下包含如下音频特效：选频、多功能延迟、Chorus、DeClicker、DeCrackler、DeEsser、DeHummer、DeNoiser、Dynamics、EQ、Flanger、Multiband Compressor、低通、低音、Phaser、PitchShifter、Reverb、平衡、Spectral NoiseReduction、使用右声道、使用左声道、互换声道、去除指定频率、参数均衡、反相、声道音量、延迟、音量、高通和高音。

单声道文件夹下包含如下音频特效：选频、多功能延迟、Chorus、DeClicker、DeCrackler、DeEsser、DeHummer、Dynamics、EQ、Flanger、Multiband Compressor、低通、低音、Phaser、Pitch Shifter、Reverb、Spectral Noise Reduction、去除指定频率、参数均衡、反相、延迟、音量、高通和高音。

用于轨道音频的特效有以下几种：平衡、选频、低音、声道音量、DeNoiser、延迟、Dynamics、EQ、使用左声道/使用右声道、高通/低通、反相、Multiband Compressor、多功能延迟、去除指定频率、参数均衡、PitchShifter、Reverb、互换声道、高音和音量。

下面对这些音频特效进行简单介绍。

1. 平衡

该特效允许控制左、右声道的相对音量，正值增大右声道的音量，负值增大左声道的音量。

2. 选频

该特效的作用是删除超出指定范围或波段的频率，其设置面板如图 7-87 所示。

"中置"：用于指定波段中心的频率。

"Q"：指定要保留的频段的宽度，低的设置产生宽的频段，而高的设置产生窄的频段。

3. 低音

该特效可以对素材音频中的重音部分进行处理，可以增强也可以减弱重音部分，同时不影响其他音频部分，其设置面板如图 7-88 所示。该特效仅处理 200Hz 以下的频率。

4. 声道音量

该特效允许单独控制素材或轨道立体声或 5.1 环绕中每一个声道的音量。每一个声音的电平以 dB 计量，其设置面板如图 7-89 所示。

图 7-87   图 7-88   图 7-89

5. DeNoiser（降噪）

该特效可以自动探测录音带的噪声并消除它。使用该特效，可以消除模拟录制（如磁带录制等）的噪声。DeNoiser 自定义设置面板如图 7-90 所示，其设置面板如图 7-91 所示，各参数主要作用如下。

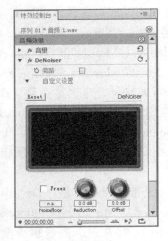

图 7-90   图 7-91

"Freeze"（冻结）：将噪声基线停止在当前值，使用这个控制来确定素材消除的噪声。

"Noisefloor"（噪声范围）：用于指定素材播放时的噪声基线（以 dB 为单位）。

"Reduction"（减小量）：用于指定消除在 -20～0dB 范围内的噪声的数量。

"Offset"（偏移）：用于设置自动消除噪声和用于指定基线的偏移量。这个值限定在 -10～+10dB，当自动降噪不充分时，偏移允许附加的控制。

6. 延迟

该特效可以添加音频素材的回声，其设置面板如图 7-92 所示，各参数主要作用如下。

"延迟"：用于指定回声播放延迟的时间，最大值为 2s。

"反馈"：用于指定延迟信号反馈叠加的百分比。

"混合"：用于控制回声的数量。

7. Dynamics

该特效提供了一套可以组合或独立调节音频的控制器，既可以使用自定义设置视图的图线控制器，也可以在单独的参数视图中调整。图线控制器如图 7-93 所示，其设置面板如图 7-94 所示，各参数主要作用如下。

图 7-92　　　　　　　　　　　图 7-93　　　　　　　　　　　图 7-94

"AutoGate"：当电平低于指定的极限时切断信号。使用这个控制可以删除录制时不需要的背景信号，如画外音中的背景信号等。可以将开关设置成随话筒停止而关闭，这样就删除了其他的声音。液晶显示的颜色表示开关的状态：打开为绿色，释放为黄色，关闭为红色。"AutoGate"有以下 4 个控制滑轮。

（1）"Threshold"（极限）：用于指定输入信号打开开关必须超过的电平（−60～0dB）。如果信号低于这个电平，开关是关闭的，输入的信号就是静音。

（2）"Attack"（动手处理）：用于指定信号电平超过极限到开关打开需要的时间。

（3）"Release"（释放）：用于设置信号低于极限后的开关关闭需要的时间，在 50～500ms 之间。

（4）"Hold"（保持）：用于指定信号已经低于极限时开关保持开放的时间，在 0.1～1 000ms 之间。

"Compressor"（压缩器）：用于通过提高低声的电平和降低大声的电平平衡动态范围，以产生一个在素材整个时间内调和的电平。"Compressor"有以下 6 个控制项。

（1）"Threshold"（极限）：用于设置必须调用压缩的信号电平极限，在−60～0dB 之间，低于这个极限的电平不受影响。

（2）"Ratio"（比率）：用于设置压缩比率，最大到 8∶1。如比率为 5∶1，则输入电平增加 5dB，输出电平只增加 1 dB。

（3）"Attack"（动手处理）：用于设置信号超过界限时压缩反应的时间，在 0.1～100ms 之间。

（4）"Release"（释放）：用于设置当导入的音频素材音量低于"Threshold"（极限）值后，波门保持关闭的时间，其取值范围为 10～500ms。

（5）"Auto"（自动）：基于输入信号自动计算释放时间。

（6）"MakeUp"（补充）：用于调节压缩器的输出电平，以解决压缩造成的损失，在−6～0dB 之间。

"Expander"（放大器）：用于降低所有低于指定极限的信号到设置的比率。其计算结果与开关控制相像，但更敏感，"Expander"有以下控制项。

（1）"Threshold"（极限）：指定信号可以激活放大器的电平极限，超过极限的电平不受影响。

（2）"Ratio"（比率）：用于设置信号放大的比率，最大到 5∶1。如比率为 5∶1，而一个电平减小量为 1dB，会放大成 5dB，结果就导致信号更快速地减小。

"Limite"（限制器）：还原包含信号峰值的音频素材中的裁减。例如，在一个音频素材中，界定峰值为超过 0dB，那么这个音频的全部电平不得不降低在 0dB 以下，以避免裁减。"Limite"中可以使用的控制项如下。

（1）"Threshold"（极限）：用于指定信号的最高电平，在-12～0dB 之间。所有超过极限的信号将被还原成与极限相同的电平。

（2）"Release"（释放）：用于指定素材出现后增益返回正常电平需要的时间，在 10～500ms 之间。

"Soft Clip"：与"Limite"相似，但不是用硬性限制，这个控制赋予某些信号一个边缘，可以将它们更好地定义在全面的混合中。

8．EQ

该特效类似于一个变量均衡器，可以使用多频段来控制频率、宽带以及电平，其具体设置如图 7-95 和图 7-96 所示，各参数主要作用如下。

"Frequency"（频率）：用于设置增大或减小波段的数量，在 20～2 000Hz 之间。

"Gain"（增益）：用于指定增大或减小的波段数量，在-20～+20dB 之间。

"Q"：用于指定每一个过滤器波段的宽度，在 0.05～5.0 个八度音阶之间。

"Out Put"（输出）：用于指定对 EQ 输出增益增加或减少频段补偿的增益量。

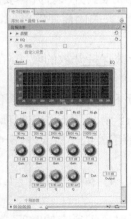

图 7-95

图 7-96

9．使用左声道/使用右声道

这两个特效主要是使声音回放在左（右）声道中进行，即使用右（左）声道的声音代替左（右）声道的声音，而左（右）声道原来的信息将被删除。

10．高通/低通

"高通"特效用于删除低于指定频率界限的频率，而"低通"特效则用于删除高于指定频率界限的频率。

11．反相

该特效用于将所有声道的状态进行反转。

12．Multiband Compressor

该特效是一个可以分波段控制的三波段压缩器，当需要柔和的声音压缩器时，就使用这个效果，而不使用"Dynamics"（编辑器）中的压缩器。

可以在自定义设置视图中使用图形控制器，也可以在单独的参数视图中调整数值。在自定义设置视图中的频率窗口中会显示 3 个（低、中、高）波段，通过调整增益和频率的手柄来控制每个波段的增益。中心波段的手柄确定波段的交叉频率，拖曳手柄可以调整相应的频率。Multiband Compressor 自定义设置如图 7-97 所示，其设置面板如图 7-98 所示，各参数主要作用如下。

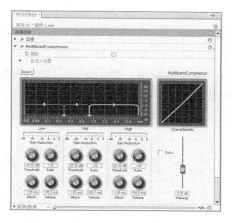

图 7-97

图 7-98

"Solo"：只播放激活的波段。

"MakeUp"：用于调整电平，以 dB 为单位。用于指定输出的增益调整，以补偿压缩造成的增益的减小或增大，这有助于保护个别增益设置的混合。

"BandSelect"：用于选择一个波段。

"Crossover Frequency"：用于增大选择波段的频率范围。

对于每一个波段，可以使用以下控制项。

（1）Threshold1～3：用于指定输入信号调用压缩要超过的电平，在-60～0dB 之间。

（2）Ratio1～3：用于指定压缩率，最大为 8：1。

（3）Attack1～3：用于指定压缩对信号超过界限做出反应需要的时间，在 0.1～100ms 之间。

（4）Release1～3：用于指定当信号回落低于界限时增益返回原始电平需要的时间。

（5）MakeUp1～3：为补偿压缩造成的电平损失，调整压缩的输出电平，在-6～+12dB 之间。

13．多功能延迟

该特效可以对素材中的原始音频最多添加 4 次回声，其设置面板如图 7-99 所示，各参数主要作用如下。

图 7-99

"延迟 1～4"：用于设置原始声音的延长时间，最大值为 2s。

"反馈 1～4"：用于设置有多少延时声音被反馈到原始声音中。

"级别 1～4"：用于控制每一个回声的音量。

"混合"：用于控制延迟和非延迟回声的量。

14．去除指定频率

该特效用于删除接近指定中心的频率，其设置面板如图 7-100 所示。

"中置"：用于指定要删除的频率。如果要消除电力线的嗡嗡声，输入一个与录制素材地点的电力系统使用的电力线频率匹配的值即可。

15．参数均衡

该特效可以增大或减小与指定中心频率接近的频率，其设置面板如图 7-101 所示，各参数主要作用如下。

"中置"：用于指定特定范围的中心频率。

"Q"：用于指定受影响的频率范围。低设置产生一个宽的波段，而高设置产生一个窄的波段。调整频率的量以 dB 为单位。如果使用"放大"参数，则用来指定调整带宽。

"放大"：用于指定增大或减小频率范围的量，在-24～+24dB 之间。

图 7-100

图 7-101

16．PitchShifter

利用该特效，可以以半音为单位调整音高。用户可以在带有图形按钮的"自定义设置"选项中调节各参数，也可以在"个别参数"选项中通过调整各参数选项值进行调整，如图 7-102 和图 7-103 所示，各参数主要作用如下。

图 7-102

图 7-103

"Pitch"（音高）：用于指定半音过程中定调的变化，调整范围在-12～+12dB 之间。

"FineTune"（微调）：确定定调参数的半音格之间的微调。

"FormantPreserve"（保留共振峰）：保护音频素材的共振峰免受影响。例如，当增加一个高音的定调时，使用这项控制可以使它不变样。

17. Reverb

该特效可以为一个音频素材增加气氛，模仿室内播放音频的声音。可以使用自定义设置视图中的图形控制器来调整各个属性，也可以在个别的参数视图中进行调整。自定义设置如图 7-104 所示，个别参数设置如图 7-105 所示，各参数主要作用如下。

"Pre Delay"（预延迟）：用于指定信号与回响之间的时间。这项设置与声音传播到墙壁然后再反射回现场听众的距离相关联。

"Absorption"（吸收）：用于指定声音被吸收的百分比。

"Size"（大小）：用于指定空间大小的百分比。

"Density"（密度）：用于指定回响"拖尾"的密度。"Size"（大小）的值用来确定可以设置密度的范围。

"Lo Damp"（低阻尼）：用于指定低频的衰减（以 dB 为单位）。衰减低频可以防止嗡嗡声造成的回响。

"Hi Damp"（高阻尼）：用于指定高频衰减，低的设置可以使回响的声音柔和。

"Mix"（混音）：用于控制回响的力量。

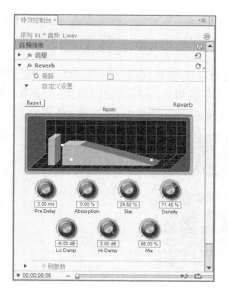

图 7-104

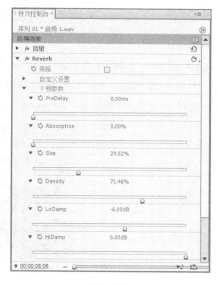

图 7-105

18. 互换声道

该特效可以交换左右声道信息的布置。

19. 高音

该特效允许增大或减小高频（4 000Hz 或更高）。

20. 音量

该特效可以提高音频电平，而不被修剪。只有当信号超过硬件允许的动态范围时，才会出现修剪，这往往会导致音频失真。

7.7 课堂练习——音频的剪辑

【练习知识要点】使用"缩放比例"选项改变视频的大小；使用"显示轨道关键帧"选项制作音频的淡出与淡入。音频的剪辑效果如图 7-106 所示。

图 7-106

【效果所在位置】光盘/Ch07/音频的剪辑. prproj。

7.8 课后习题——音频的调节

【习题知识要点】使用"色阶"命令调整图像的亮度和对比度；使用"自动颜色"命令自动调整图像中的颜色；使用"速度/持续时间"命令编辑视频播放快慢效果；使用"剃刀"工具分割文件；使用"调音台"面板调整音频。音频的调节效果如图 7-107 所示。

图 7-107

【效果所在位置】光盘/Ch07/音频的调节. prproj。

第 8 章
案例实训

本章通过几个影视制作案例，进一步讲解 Premiere Pro CS5 的功能特色和使用技巧，使读者能够快速地掌握软件功能和影视制作的知识要点，以便制作出丰富的多媒体效果。

8.1 制作百变强音栏目包装

【案例学习目标】学习使用多种视频特效制作出需要的效果。

【案例知识要点】使用"字幕"命令添加并编辑文字；使用"特效控制台"面板编辑视频的位置和缩放比例并制作动画效果；使用"方向模糊"特效为"02/02"视频添加方向性模糊效果，并制作方向模糊的动画效果；使用"镜头光晕"特效为"03/02"视频添加镜头光晕效果，并制作光晕的动画效果；使用"笔触"特效为"08/02"视频添加笔触效果。百变强音栏目包装效果如图 8-1 所示。

图 8-1

【效果所在位置】光盘/Ch08/制作百变强音栏目包装. prproj。

1. 添加项目文件

（1）启动 Premiere Pro CS5 软件，弹出"欢迎使用 Adobe Premiere Pro"欢迎界面，单击"新建项目"按钮 ，弹出"新建项目"对话框，设置"位置"选项，选择保存文件路径，在"名称"文本框中输入文件名"制作百变强音栏目包装"，如图 8-2 所示，单击"确定"按钮，弹出"新建序列"对话框，在左侧的列表中展开"DV-PAL"选项，选中"标准 48kHz"模式，如图 8-3 所示，单击"确定"按钮。

图 8-2

图 8-3

（2）选择"文件 > 导入"命令，弹出"导入"对话框，选择光盘中的"Ch08\制作百变强音栏目包装\素材\01、02"文件，单击"打开"按钮，导入视频和图片文件，如图 8-4 所示。导入后的文件排列在"项目"面板中，如图 8-5 所示。

（3）选择"文件 > 新建 > 字幕"命令，弹出"新建字幕"对话框，如图 8-6 所示，单击"确定"按钮，弹出字幕编辑面板。选择"输入"工具 T，在字幕工作区中输入需要的文字，在"字幕样式"子面板中单击需要的样式，在"字幕属性"设置子面板中进行设置，字幕编辑面板中的效果如图 8-7 所示。

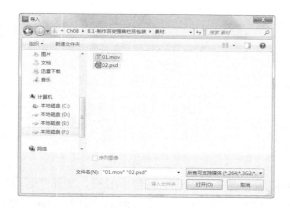

图 8-4　　　　　　　　　　　　　　　　　图 8-5

图 8-6

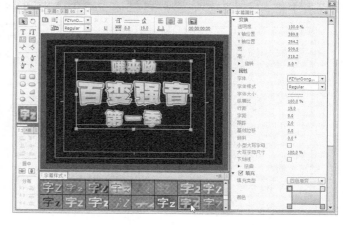

图 8-7

2．制作图像动画

（1）在"项目"面板中选中"01"文件并将其拖曳到"时间线"面板中的"视频 1"轨道中，如图 8-8 所示。在"时间线"面板中选中"01"文件，按<Ctrl>+<R>组合键，弹出"素材速度/持续时间"对话框，将"速度"选项设置为 90%，如图 8-9 所示，单击"确定"按钮，在"时间线"面板中的显示如图 8-10 所示。

图 8-8

图 8-9

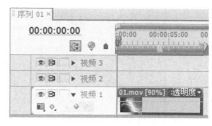

图 8-10

（2）将时间指示器放置在 00:20s 的位置，在"项目"面板中选中"02/02"文件并将其拖曳到"时间线"面板中的"视频 2"轨道中，如图 8-11 所示。将时间指示器放置在 03:15s 的位置，将鼠标指针放在"02/02"文件的尾部，当鼠标指针呈﹢状时，向前拖曳鼠标到 03:15s

的位置，如图 8-12 所示。

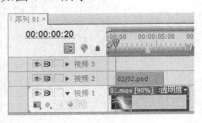

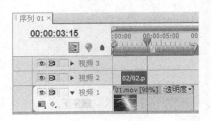

图 8-11　　　　　　　　　　　图 8-12

（3）将时间指示器放置在 00:20s 的位置，选择"特效控制台"面板，展开"运动"选项，将"位置"选项设置为 1047.0 和 288.0，并单击"位置"选项左侧的"切换动画"按钮，如图 8-13 所示，记录第 1 个动画关键帧。将时间指示器放置在 01:11s 的位置，在"特效控制台"面板中将"位置"选项设为 -334.5 和 288.0，如图 8-14 所示，记录第 2 个动画关键帧。

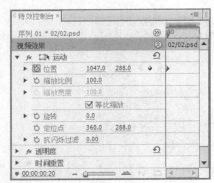

图 8-13　　　　　　　　　　　图 8-14

（4）将时间指示器放置在 02:02s 的位置，在"特效控制台"面板中将"位置"选项设置为 392.0 和 288.0，如图 8-15 所示，记录第 3 个动画关键帧。将时间指示器放置在 03:03s 的位置，在"特效控制台"面板中将"位置"选项设为 404.2 和 288.0，如图 8-16 所示，记录第 4 个动画关键帧。

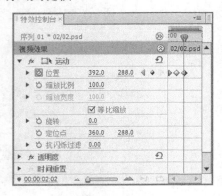

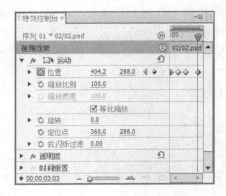

图 8-15　　　　　　　　　　　图 8-16

（5）将时间指示器放置在 03:11s 的位置，在"特效控制台"面板中将"位置"选项设置为 1050.0 和 288.0，如图 8-17 所示，记录第 5 个动画关键帧。在"节目"面板中预览效果，如图 8-18 所示。

图 8-17　　　　　　　　　　　　　　　　　　　　图 8-18

（6）选择"窗口 > 效果"命令，弹出"效果"面板，展开"视频特效"分类选项，单击"模糊与锐化"文件夹前面的三角形按钮 ▶ 将其展开，选中"方向模糊"特效，如图 8-19 所示。将"方向模糊"特效拖曳到"时间线"面板中的"02/02"文件上，如图 8-20 所示。

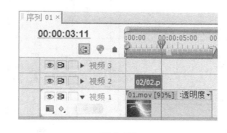

图 8-19　　　　　　　　　　　　　　　　　　　　图 8-20

（7）将时间指示器放置在 02:02s 的位置，选择"特效控制台"面板，展开"方向模糊"特效，将"方向"选项设置为 90.0°，"模糊长度"选项设置为 20.0，并单击"模糊长度"选项左侧的"切换动画"按钮 ⏱，如图 8-21 所示，记录第 1 个动画关键帧。将时间指示器放置在 02:15s 的位置，在"特效控制台"面板中将"模糊长度"选项设置为 0，如图 8-22 所示，记录第 2 个动画关键帧。

图 8-21　　　　　　　　　　　　　　　　　　　　图 8-22

（8）在"项目"面板中选中"03/02"文件并将其拖曳到"时间线"面板中的"视频 2"轨道中，如图 8-23 所示。将时间指示器放置在 08:11s 的位置，将鼠标指针放在"03/02"文件的尾部，当鼠标指针呈 ⊬ 状时，向前拖曳鼠标到 08:11s 的位置，如图 8-24 所示。

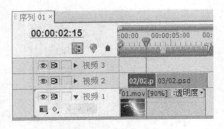
图 8-23

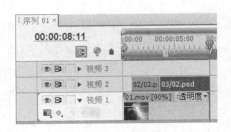
图 8-24

（9）将时间指示器放置在 03:15s 的位置，选择"特效控制台"面板，展开"运动"选项，将"缩放比例"选项设置为 0，并单击"缩放比例"选项前面的"切换动画"按钮 ，如图 8-25 所示，记录第 1 个动画关键帧。将时间指示器放置在 04:03s 的位置，在"特效控制台"面板中将"缩放比例"选项设置为 100.0，如图 8-26 所示，记录第 2 个动画关键帧。在"节目"面板中预览效果，如图 8-27 所示。

图 8-25

图 8-26

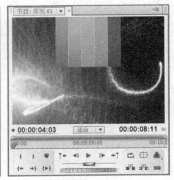
图 8-27

（10）选择"效果"面板，展开"视频特效"分类选项，单击"生成"文件夹前面的三角形按钮 ▶ 将其展开，选中"镜头光晕"特效，如图 8-28 所示。将"镜头光晕"特效拖曳到"时间线"面板中的"03/02"文件上，如图 8-29 所示。

图 8-28

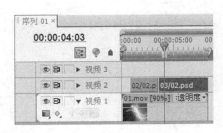
图 8-29

（11）将时间指示器放置在 06:23s 的位置，选择"特效控制台"面板，展开"镜头光晕"特效，进行参数设置，并单击"光晕亮度"选项前面的"切换动画"按钮 ，如图 8-30 所示，记录第 1 个动画关键帧。将时间指示器放置在 08:07s 的位置，在"特效控制台"面板中将"光晕亮度"选项设置为 160%，如图 8-31 所示，记录第 2 个动画关键帧。在"节目"面板中预览效果，如图 8-32 所示。

图 8-30　　　　　　　　　图 8-31　　　　　　　　　图 8-32

（12）选择"效果"面板，展开"视频特效"分类选项，单击"透视"文件夹前面的三角形按钮 ▶ 将其展开，选中"斜角边"特效，如图 8-33 所示。将"斜角边"特效拖曳到"时间线"面板中的"03/02"文件上，如图 8-34 所示。

图 8-33　　　　　　　　　　　　　　图 8-34

（13）选择"特效控制台"面板，展开"斜角边"特效并进行参数设置，如图 8-35 所示。在"节目"面板中预览效果，如图 8-36 所示。

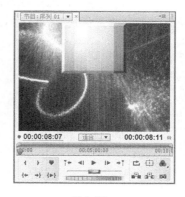

图 8-35　　　　　　　　　　图 8-36

（14）将时间指示器放置在 04:12s 的位置，在"项目"面板中选中"04/02"文件并将其拖曳到"时间线"面板中的"视频 3"轨道中，如图 8-37 所示。将鼠标指针放在

"04/02"文件的尾部，当鼠标指针呈 🕂 状时，向前拖曳鼠标到 08:11s 的位置，如图 8-38 所示。

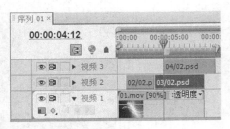

图 8-37

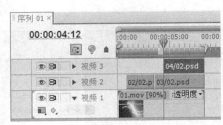

图 8-38

（15）选择"特效控制台"面板，展开"运动"选项，将"缩放比例"选项设置为 0，并单击"缩放比例"选项前面的"切换动画"按钮 🕘，如图 8-39 所示，记录第 1 个动画关键帧。将时间指示器放置在 04:24s 的位置，在"特效控制台"面板中将"缩放比例"选项设置为 100.0，如图 8-40 所示，记录第 2 个动画关键帧。在"节目"面板中预览效果，如图 8-41 所示。

图 8-39

图 8-40

图 8-41

（16）选择"序列 > 添加轨道"命令，弹出"添加视音轨"对话框，选项的设置如图 8-42 所示，单击"确定"按钮，在"时间线"面板中添加 3 条视频轨道。用相同的方法在"视频 4"、"视频 5"和"视频 6"轨道中分别添加"05/02""06/02"和"07/02"文件，并分别制作文件的缩放比例动画，如图 8-43 所示。

图 8-42

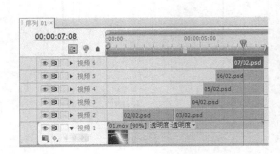

图 8-43

（17）在"项目"面板中选中"08/02"文件并将其拖曳到"时间线"面板中的"视频 1"

轨道中，如图 8-44 所示。将时间指示器放置在 11:06s 的位置，将鼠标指针放在 "08/02" 文件的尾部，当鼠标指针呈 ✛ 状时，向前拖曳鼠标到 11:06s 的位置，如图 8-45 所示。用相同的方法制作文件的比例缩放动画。

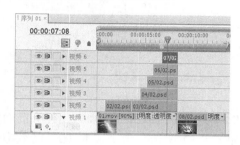

图 8-44

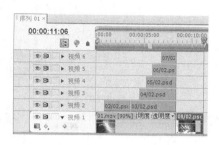

图 8-45

（18）选择"效果"面板，展开"视频特效"分类选项，单击"风格化"文件夹前面的三角形按钮 ▶ 将其展开，选中"笔触"特效，如图 8-46 所示。将"笔触"特效拖曳到"时间线"面板中的"08/02"文件上，如图 8-47 所示。

图 8-46

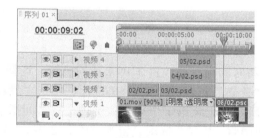

图 8-47

（19）选择"特效控制台"面板，展开"笔触"特效并进行参数设置，如图 8-48 所示。在"节目"面板中预览效果，如图 8-49 所示。

图 8-48

图 8-49

（20）将时间指示器放置在 09:00s 的位置，在"项目"面板中选中"字幕 01"文件并将其拖曳到"时间线"面板中的"视频 2"轨道上，如图 8-50 所示。将鼠标指针放在"字幕 01"文件的尾部，当鼠标指针呈 ✛ 状时，向前拖曳鼠标到 11:06s 的位置，如图 8-51 所示。

用相同的方法制作文件的比例缩放动画。

图 8-50 图 8-51

（21）选择"效果"面板，展开"视频特效"分类选项，单击"透视"文件夹前面的三角形按钮▶将其展开，选中"基本 3D"特效，如图 8-52 所示。将"基本 3D"特效拖曳到"时间线"面板中的"字幕 01"文件上，如图 8-53 所示。

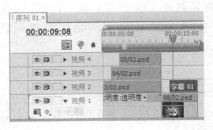

图 8-52 图 8-53

（22）将时间指示器放置在 09:20s 的位置，选择"特效控制台"面板，展开"基本 3D"特效，将"旋转"选项设置为 180.0°，并单击"旋转"选项左侧的"切换动画"按钮，如图 8-54 所示，记录第 1 个动画关键帧。将时间指示器放置在 10:05s 的位置，在"特效控制台"面板中将"旋转"选项设置为 0.0°，如图 8-55 所示，记录第 2 个动画关键帧。在"节目"面板中预览效果，如图 8-56 所示。百变强音栏目包装制作完成。

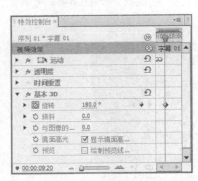

图 8-54 图 8-55 图 8-56

8.2 制作儿童相册

【案例学习目标】学习使用多种视频转场特效制作出需要的效果。

【案例知识要点】使用"特效控制台"面板编辑视频的位置、旋转和透明度并制作动画效果；使用"镜头光晕"特效为"01"视频添加镜头光晕效果，并制作光晕的动画效果；使用"高斯模糊"特效为"01"视频添加模糊效果，并制作方向模糊的动画效果；使用不同的转场命令制作视频之间的转场效果。儿童相册效果如图 8-57 所示。

【效果所在位置】光盘/Ch08/制作儿童相册.prproj。

图 8-57

（1）启动 Premiere Pro CS5 软件，弹出"欢迎使用 Adobe Premiere Pro"欢迎界面，单击"新建项目"按钮 ，弹出"新建项目"对话框，设置"位置"选项，选择保存文件路径，在"名称"文本框中输入文件名"制作儿童相册"，如图 8-58 所示，单击"确定"按钮，弹出"新建序列"对话框，在左侧的列表中展开"DV-PAL"选项，选中"标准 48kHz"模式，如图 8-59 所示，单击"确定"按钮。

图 8-58

图 8-59

（2）选择"文件 > 导入"命令，弹出"导入"对话框，选择光盘中的"Ch08\制作儿童相册\素材\01～08"文件，单击"打开"按钮，导入图片视频文件，如图 8-60 所示。导入后的文件排列在"项目"面板中，如图 8-61 所示。

图 8-60

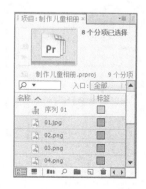

图 8-61

（3）在"项目"面板中选中"01"文件并将其拖曳到"时间线"面板中的"视频1"轨道中，如图 8-62 所示。将时间指示器放置在 06:15s 的位置，将鼠标指针放在"01"文件的尾部，当鼠标指针呈 ┿ 状时，向后拖曳鼠标到 06:15s 的位置，如图 8-63 所示。

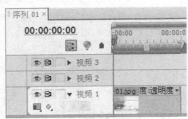

图 8-62 图 8-63

（4）选择"窗口 > 效果"命令，弹出"效果"面板，展开"视频特效"分类选项，单击"生成"文件夹前面的三角形按钮 ▶ 将其展开，选中"镜头光晕"特效，如图 8-64 所示。将"镜头光晕"特效拖曳到"时间线"面板中的"01"文件上，如图 8-65 所示。

图 8-64 图 8-65

（5）将时间指示器放置在 0s 的位置，选择"特效控制台"面板，展开"镜头光晕"特效，进行参数设置，并单击"光晕中心"选项前面的"切换动画"按钮 🔘，如图 8-66 所示，记录第 1 个动画关键帧。将时间指示器放置在 06:10s 的位置，在"特效控制台"面板中将"光晕中心"选项设置为 769.0 和 67.4，如图 8-67 所示，记录第 2 个动画关键帧。在"节目"面板中预览效果，如图 8-68 所示。

图 8-66 图 8-67 图 8-68

（6）选择"效果"面板，展开"视频特效"分类选项，单击"模糊与锐化"文件夹前面的三角形按钮▶将其展开，选中"高斯模糊"特效，如图 8-69 所示。将"高斯模糊"特效拖曳到"时间线"面板中的"01"文件上，如图 8-70 所示。

图 8-69

图 8-70

（7）将时间指示器放置在 0s 的位置，选择"特效控制台"面板，展开"高斯模糊"特效，将 "模糊度"选项设置为 100.0，并单击"模糊度"选项左侧的"切换动画"按钮，如图 8-71 所示，记录第 1 个动画关键帧。将时间指示器放置在 01:05s 的位置，在"特效控制台"面板中将"模糊度"选项设置为 0，如图 8-72 所示，记录第 2 个动画关键帧。

图 8-71

图 8-72

（8）将时间指示器放置在 00:10s 的位置，在"项目"面板中选中"02"文件并将其拖曳到"时间线"面板中的"视频 2"轨道中，如图 8-73 所示。将鼠标指针放在"02"文件的尾部，当鼠标指针呈⊹状时，向后拖曳鼠标到 06:15s 的位置，如图 8-74 所示。

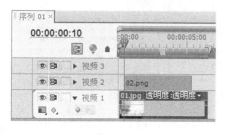

图 8-73

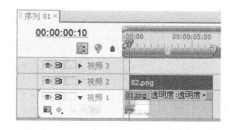

图 8-74

（9）选择"特效控制台"面板，展开"运动"选项，将"位置"选项设置为 236.7 和 321.4，如图 8-75 所示。在"节目"面板中预览效果，如图 8-76 所示。

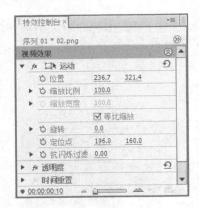

图 8-75

图 8-76

（10）将时间指示器放置在 01:07s 的位置，在"项目"面板中选中"03"文件并将其拖曳到"时间线"面板中的"视频 3"轨道中，如图 8-77 所示。将鼠标指针放在"03"文件的尾部，当鼠标指针呈 ┿ 状时，向后拖曳鼠标到 06:15s 的位置，如图 8-78 所示。

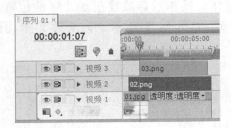

图 8-77

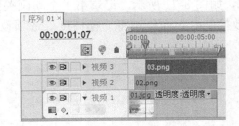

图 8-78

（11）选择"特效控制台"面板，展开"运动"选项，将"位置"选项设置为 269.8 和 315.6，如图 8-79 所示。在"节目"面板中预览效果，如图 8-80 所示。

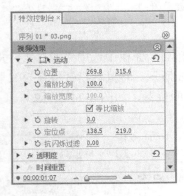

图 8-79

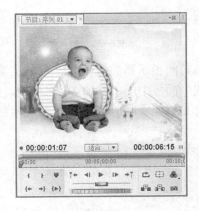

图 8-80

（12）将时间指示器放置在 01:23s 的位置，选择"特效控制台"面板，展开"透明度"选项，单击选项右侧的"添加/移除关键帧"按钮，如图 8-81 所示，记录第 1 个关键帧。将时间指示器放置在 01:24s 的位置，将"透明度"选项设置为 0.0%，如图 8-82 所示，记录第 2 个关键帧。

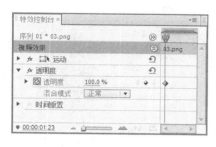

图 8-81　　　　　　　　　　　　　　　　　图 8-82

（13）将时间指示器放置在 02:00s 的位置，选择"特效控制台"面板，展开"透明度"选项，将"透明度"选项设为 100.0%，如图 8-83 所示，记录第 3 个关键帧。将时间指示器放置在 02:01s 的位置，将"透明度"选项设为 0.0%，如图 8-84 所示，记录第 4 个关键帧。用相同的方法再添加 9 个透明动画，如图 8-85 所示。

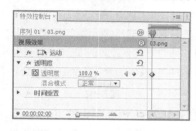

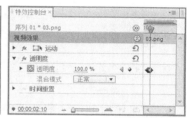

图 8-83　　　　　　　　　　图 8-84　　　　　　　　　　图 8-85

（14）选择"序列 > 添加轨道"命令，弹出"添加视音轨"对话框，选项的设置如图 8-86 所示，单击"确定"按钮，在"时间线"面板中添加 5 条视频轨道，如图 8-87 所示。

图 8-86　　　　　　　　　　　　　　　　　图 8-87

（15）将时间指示器放置在 02:16s 的位置，在"项目"面板中选中"04"文件并将其拖曳到"时间线"面板中的"视频 4"轨道中，如图 8-88 所示。将鼠标指针放在"04"文件的尾部，当鼠标指针呈 状时，向前拖曳鼠标到 06:15s 的位置，如图 8-89 所示。

（16）选择"特效控制台"面板，展开"运动"选项，将"位置"选项设置为−90.0 和 436.0，"缩放比例"选项设置为 102.5，"旋转"选项设置为 2×0.0°，并单击"位置"和"旋转"选项前面的"切换动画"按钮 ，如图 8-90 所示，记录第 1 个动画关键帧。将时间指示器放置在 03:07s 的位置，将"位置"选项设置为 116.0 和 436.0，"旋转"选项设置为 0，如图 8-91 所示，记录第 2 个动画关键帧。在"节目"面板中预览效果，如图 8-92 所示。

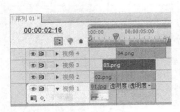

图 8-88

图 8-89

图 8-90

图 8-91

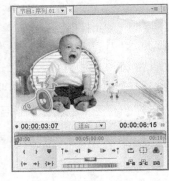

图 8-92

（17）将时间指示器放置在 03:12s 的位置，在"项目"面板中选中"05"文件并将其拖曳到"时间线"面板中的"视频 5"轨道中，如图 8-93 所示。将鼠标指针放在"05"文件的尾部，当鼠标指针呈状时，向前拖曳鼠标到 06:15s 的位置，如图 8-94 所示。

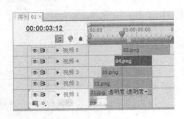

图 8-93

图 8-94

（18）选择"特效控制台"面板，展开"运动"选项，将"位置"选项设置为 491.9 和 150.9，如图 8-95 所示。在"节目"面板中预览效果，如图 8-96 所示。用相同的方法在"视频 6"、"视频 7"和"视频 8"轨道中分别添加"06""07"和"08"文件，并分别制作文件的位置、旋转动画，如图 8-97 所示。

图 8-95

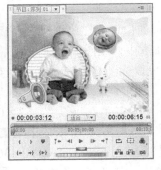

图 8-96

图 8-97

（19）选择"效果"面板，展开"视频切换"分类选项，单击"3D 运动"文件夹前面的三角形按钮 ▶ 将其展开，选中"立方体旋转"特效，如图 8-98 所示。将其拖曳到"时间线"面板中的"02"文件的的开始位置，如图 8-99 所示。

图 8-98

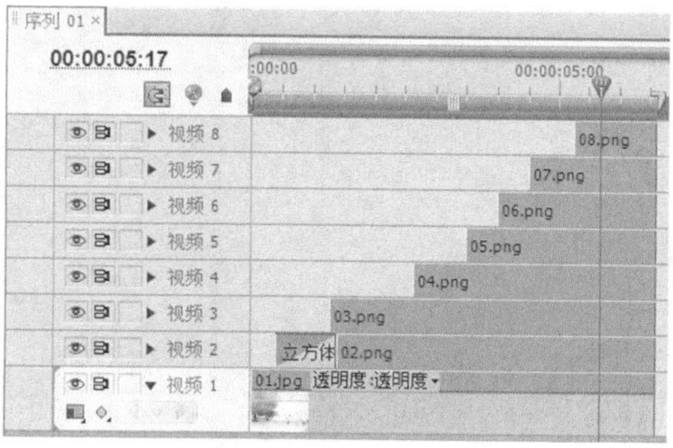

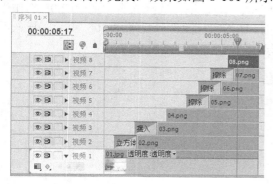

图 8-99

（20）用相同的方法在"时间线"面板中为其他文件添加适当的过渡切换，如图 8-100 所示。儿童相册制作完成，效果如图 8-101 所示。

图 8-100

图 8-101

8.3 制作牛奶广告

【案例学习目标】学习使用"特效控制台"面板制作动画效果。

【案例知识要点】使用"位置"选项改变图像的位置；使用"缩放比例"选项改变图像的大小；使用"透明度"选项编辑图片的不透明度与动画；使用"添加轨道"命令添加视频轨道。牛奶广告效果如图 8-102 所示。

【效果所在位置】光盘/Ch08/制作牛奶广告. prproj。

（1）启动 Premiere Pro CS5 软件，弹出"欢迎使用 Adobe Premiere Pro"欢迎界面，单击"新建项目"按钮 ，弹出"新建项目"对话框，设置"位置"选项，选择保存文件路径，在"名称"文本框中输入文件名"制作牛奶广告"，如图 8-103 所示，单击"确定"按钮，弹出"新

图 8-102

建序列"对话框,在左侧的列表中展开"DV-PAL"选项,选中"标准 48kHz"模式,如图
8-104 所示,单击"确定"按钮。

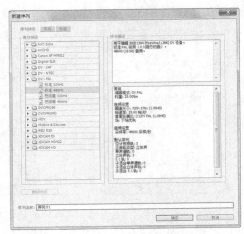

图 8-103   图 8-104

（2）选择"文件 > 导入"命令,弹出"导入"对话框,选择光盘中的"Ch08\制作牛奶
广告\素材\01～06"文件,单击"打开"按钮,导入图片文件,如图 8-105 所示。导入后的
文件排列在"项目"面板中,如图 8-106 所示。

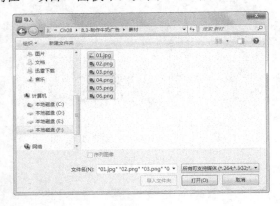

图 8-105   图 8-106

（3）在"项目"面板中选中"01"文件并将其拖曳到"时间线"面板中的"视频 1"轨
道中,如图 8-107 所示。将时间指示器放置在 4s 的位置,将鼠标指针放在"01"文件的尾
部,当鼠标指针呈 ┿ 状时,向前拖曳鼠标到 4s 的位置,如图 8-108 所示。

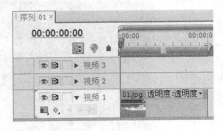

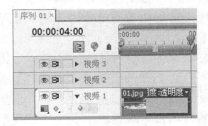

图 8-107   图 8-108

（4）将时间指示器放置在 0s 的位置,选择"特效控制台"面板,展开"透明度"选项,

将"透明度"选项设为 0.0%,如图 8-109 所示,记录第 1 个关键帧。将时间指示器放置在 00:08s 的位置,将"透明度"选项设为 100.0%,如图 8-110 所示,记录第 2 个关键帧。

图 8-109 图 8-110

(5)将时间指示器放置在 00:13s 的位置,在"项目"面板中选中"02"文件并将其拖曳到"时间线"面板中的"视频 2"轨道中,如图 8-111 所示。将鼠标指针放在"02"文件的尾部,当鼠标指针呈⊹状时,向前拖曳鼠标到 4s 的位置,如图 8-112 所示。

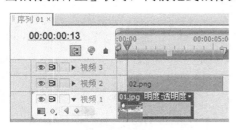 

图 8-111 图 8-112

(6)选择"特效控制台"面板,展开"运动"选项,将"位置"选项设置为 358.8 和 459.7,"缩放比例"选项设置为 110.0,如图 8-113 所示。在"节目"面板中预览效果,如图 8-114 所示。

图 8-113 图 8-114

(7)选择"特效控制台"面板,展开"透明度"选项,将"透明度"选项设为 0.0%,如图 8-115 所示,记录第 1 个关键帧。将时间指示器放置在 00:19s 的位置,将"透明度"选项设为 100.0%,如图 8-116 所示,记录第 2 个关键帧。

(8)将时间指示器放置在 1s 的位置,在"项目"面板中选中"03"文件并将其拖曳到"时间线"面板中的"视频 3"轨道中,如图 8-117 所示。将鼠标指针放在"03"文件的尾部,当鼠标指针呈⊹状时,向前拖曳鼠标到 4s 的位置,如图 8-118 所示。

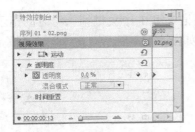

图 8-115

图 8-116

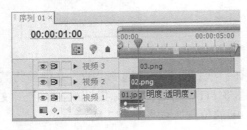

图 8-117

图 8-118

（9）选择"特效控制台"面板，展开"运动"选项，将"位置"选项设置为 278.6 和 366.7，如图 8-119 所示。在"节目"面板中预览效果，如图 8-120 所示。

图 8-119

图 8-120

（10）选择"特效控制台"面板，展开"透明度"选项，将"透明度"选项设为 0.0%，如图 8-121 所示，记录第 1 个关键帧。将时间指示器放置在 01:08s 的位置，将"透明度"选项设为 100.0%，如图 8-122 所示，记录第 2 个关键帧。

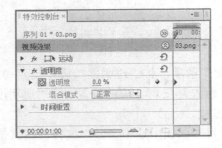

图 8-121

图 8-122

（11）将时间指示器放置在 01:09s 的位置，在"特效控制台"面板中将"透明度"选项设置为 0.0%，如图 8-123 所示，记录第 3 个关键帧。将时间指示器放置在 01:10s 的位置，将 "透明度" 选项设为 100.0%，如图 8-124 所示，记录第 4 个关键帧。用相同的方法再添加 6 个透明动画，如图 8-125 所示。

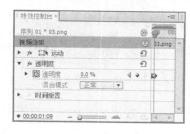
图 8-123

图 8-124

图 8-125

（12）选择 "序列 > 添加轨道" 命令，弹出 "添加视音轨" 对话框，选项的设置如图 8-126 所示，单击 "确定" 按钮，在 "时间线" 面板中添加 3 条视频轨道，如图 8-127 所示。

图 8-126

图 8-127

（13）将时间指示器放置在 01:17s 的位置，在 "项目" 面板中选中 "04" 文件并将其拖曳到 "时间线" 面板中的 "视频 4" 轨道中，如图 8-128 所示。将鼠标指针放在 "04" 文件的尾部，当鼠标指针呈┿状时，向前拖曳鼠标到 4s 的位置，如图 8-129 所示。

图 8-128

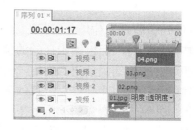
图 8-129

（14）选择 "特效控制台" 面板，展开 "运动" 选项，将 "位置" 选项设置为-209.4 和 442.4，并单击 "位置" 选项前面的 "切换动画" 按钮，如图 8-130 所示，记录第 1 个动画关键帧。将时间指示器放置在 02:02s 的位置，将 "位置" 选项设置为 156.6 和 442.4，如图 8-131 所示，记录第 2 个动画关键帧。在 "节目" 面板中预览效果，如图 8-132 所示。

图 8-130　　　　　　　　　　　　图 8-131　　　　　　　　　　　　图 8-132

（15）用相同的方法在"视频 5"和"视频 6"轨道中分别添加"05"和"06"文件，并分别制作文件的位置、缩放比例动画，如图 8-133 所示。牛奶广告制作完成，效果如图 8-134所示。

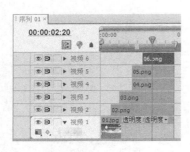

图 8-133　　　　　　　　　　　　　　　　　　　图 8-134

8.4　制作最美夕阳纪录片

【案例学习目标】学习编辑图与图之间的过渡关键帧；使用多个特效编辑图像之间的叠加效果。

【案例知识要点】使用"字幕"命令添加并编辑文字；使用"特效控制台"面板编辑视频的位置、缩放比例、旋转和透明度并制作动画效果；使用"斜角边"命令制作图像的立体效果；使用"马赛克"特效为"08"视频添加马赛克效果，并制作马赛克的动画效果；使用"色阶"命令调整图像的亮度；使用不同的转场命令制作视频之间的转场效果。最美夕阳纪录片效果如图 8-135 所示。

【效果所在位置】光盘/Ch08/制作最美夕阳纪录片.prproj。

图 8-135

1.　制作影片片头

（1）启动 Premiere Pro CS5 软件，弹出"欢迎使用 Adobe Premiere Pro"欢迎界面，单击"新建项目"按钮 ，弹出"新建项目"对话框，设置"位置"选项，选择保存文件路径，在"名称"文本框中输入文件名"制作最美夕阳纪录片",如图 8-136 所示,单击"确定"按钮,弹出"新建序列"对话框,在左侧的列表中展开"DV-PAL"选项,选中"标准 48kHz"模式,如图 8-137 所示,单击"确定"按钮。

图 8-136

图 8-137

(2)选择"文件 > 导入"命令,弹出"导入"对话框,选择光盘中的"Ch08\制作最美夕阳纪录片\素材\01～15"文件,单击"打开"按钮,导入图片和视频文件,如图 8-138 所示。导入后的文件排列在"项目"面板中,如图 8-139 所示。

图 8-138

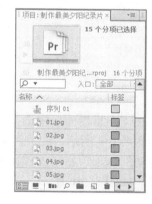

图 8-139

(3)选择"文件 > 新建 > 字幕"命令,弹出"新建字幕"对话框,如图 8-140 所示,单击"确定"按钮,弹出字幕编辑面板。选择"输入"工具 T,在字幕工作区中输入"最美夕阳",在"字幕样式"子面板中单击需要的样式,在"字幕属性"设置子面板中进行设置,字幕编辑面板中的效果如图 8-141 所示。

(4)选择"文件 > 新建 > 字幕"命令,弹出"新建字幕"对话框,如图 8-142 所示,单击"确定"按钮,弹出字幕编辑面板。选择"输入"工具 T,在字幕工作区中输入需要的文字,在"字幕样式"子面板中单击需要的样式,在"字幕属性"设置子面板中设置适当的字体、文字大小和旋转角度,字幕编辑面板中的效果如图 8-143 所示。用相同的方法添加其他字幕文件。

图 8-140

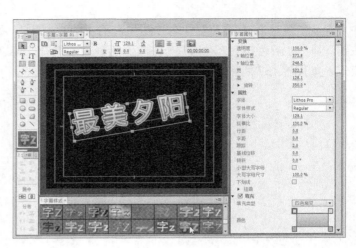

图 8-141

图 8-142

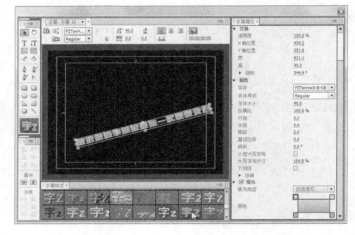

图 8-143

（5）在"项目"面板中选中"14"文件并将其拖曳到"时间线"面板中的"视频 1"轨道中，如图 8-144 所示。在"时间线"面板中选取"14"文件，选择"特效控制台"面板，展开"运动"选项，将"缩放比例"选项设为 120.0，如图 8-145 所示。在"节目"面板中预览效果，如图 8-146 所示。

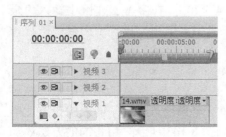

图 8-144

图 8-145

图 8-146

（6）将时间指示器放置在 03:23s 的位置，在"项目"面板中选中"字幕 01"文件并将其拖曳到"时间线"面板中的"视频 2"轨道中，如图 8-147 所示。将鼠标指针放在"字幕 01"文件的尾部，当鼠标指针呈┿状时，向后拖曳鼠标到 8s 的位置，如图 8-148 所示。

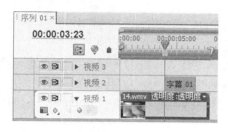

图 8-147

图 8-148

（7）选择"特效控制台"面板，展开"透明度"选项，将"透明度"选项设为 0.0%，如图 8-149 所示，记录第 1 个关键帧。将时间指示器放置在 04:06s 的位置，将"透明度"选项设为 100.0%，如图 8-150 所示，记录第 2 个关键帧。

图 8-149

图 8-150

（8）将时间指示器放置在 07:06s 的位置，单击选项右侧的"添加/移除关键帧"按钮，如图 8-151 所示，记录第 3 个关键帧。将时间指示器放置在 07:22s 的位置，将"透明度"选项设为 0.0%，如图 8-152 所示，记录第 4 个关键帧。

图 8-151

图 8-152

（9）将时间指示器放置在 04:17s 的位置，在"项目"面板中选中"字幕 02"文件并将其拖曳到"时间线"面板中的"视频 3"轨道中，如图 8-153 所示。将鼠标指针放在"字幕 02"文件的尾部，当鼠标指针呈┿状时，向后拖曳鼠标到 8s 的位置，如图 8-154 所示。

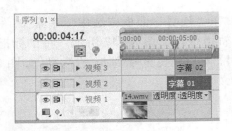

图 8-153   图 8-154

（10）将时间指示器放置在 07:06s 的位置，选择"特效控制台"面板，将"透明度"选项设为 100.0%，单击选项右侧的"添加/移除关键帧"按钮，如图 8-155 所示，记录第 1 个关键帧。将时间指示器放置在 07:22s 的位置，将"透明度"选项设为 0.0%，如图 8-156 所示，记录第 2 个关键帧。

图 8-155   图 8-156

2．添加素材并制作动画

（1）在"项目"面板中选中"01"文件并将其拖曳到"时间线"面板中的"视频 1"轨道中，如图 8-157 所示。将时间指示器放置在 10:20s 的位置，将鼠标指针放在"01"文件的尾部，当鼠标指针呈 状时，向前拖曳鼠标到 10:20s 的位置，如图 8-158 所示。

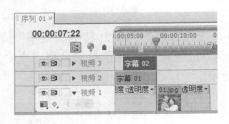
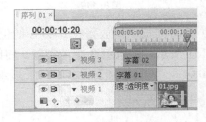

图 8-157   图 8-158

（2）在"项目"面板中选中"02"文件并将其拖曳到"时间线"面板中的"视频 1"轨道中，如图 8-159 所示。将时间指示器放置在 13:15s 的位置，将鼠标指针放在"02"文件的尾部，当鼠标指针呈 状时，向前拖曳鼠标到 13:15s 的位置，如图 8-160 所示。

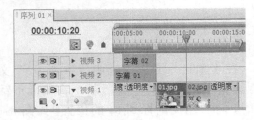
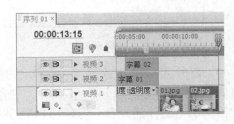

图 8-159   图 8-160

（3）将时间指示器放置在 08:13s 的位置，在"项目"面板中选中"03"文件并将其拖曳到"时间线"面板中的"视频 2"轨道中，如图 8-161 所示。将鼠标指针放在"03"文件的尾部，当鼠标指针呈 ↔ 状时，向后拖曳鼠标到 13:15s 的位置，如图 8-162 所示。

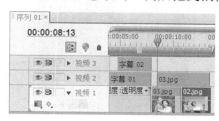

图 8-161

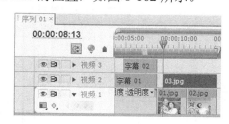

图 8-162

（4）选择"特效控制台"面板，展开"运动"选项，将"位置"选项设置为 815.0 和 460.0，"缩放比例"选项设置为 25.0，并单击"位置"选项前面的"切换动画"按钮 ⊙，如图 8-163 所示，记录第 1 个动画关键帧。将时间指示器放置在 09:15s 的位置，将"位置"选项设置为 137.0 和 460.0，如图 8-164 所示，记录第 2 个动画关键帧。在"节目"面板中预览效果，如图 8-165 所示。

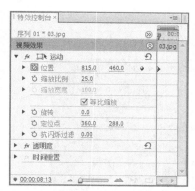

图 8-163

图 8-164

图 8-165

（5）选择"窗口 > 效果"命令，弹出"效果"面板，展开"视频特效"分类选项，单击"透视"文件夹前面的三角形按钮 ▶ 将其展开，选中"斜角边"特效，如图 8-166 所示。将"斜角边"特效拖曳到"时间线"面板中的"03"文件上，如图 8-167 所示。

图 8-166

图 8-167

（6）选择"特效控制台"面板，展开"斜角边"特效并进行参数设置，如图 8-168 所示。

在"节目"面板中预览效果,如图 8-169 所示。

图 8-168

图 8-169

(7)选择"序列 > 添加轨道"命令,弹出"添加视音轨"对话框,选项的设置如图 8-170 所示,单击"确定"按钮,在"时间线"面板中添加 1 条视频轨道。用相同的方法在"视频 3"和"视频 4"轨道中分别添加"04"和"05"文件,并分别制作文件的位置动画和斜角边效果,如图 8-171 所示。

图 8-170

图 8-171

(8)在"项目"面板中选中"06"文件并将其拖曳到"时间线"面板中的"视频 1"轨道中,如图 8-172 所示。将时间指示器放置在 16:10s 的位置,将鼠标指针放在"06"文件的尾部,当鼠标指针呈┿状时,向前拖曳鼠标到 16:10s 的位置,如图 8-173 所示。

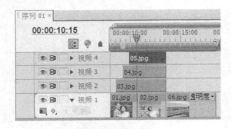

图 8-172

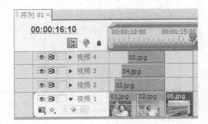

图 8-173

(9)将时间指示器放置在 14:03s 的位置,在"项目"面板中选中"07"文件并将其拖曳到"时间线"面板中的"视频 2"轨道中,如图 8-174 所示。将鼠标指针放在"07"文件的尾部,当鼠标指针呈┿状时,向前拖曳鼠标到 16:10s 的位置,如图 8-175 所示。

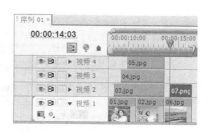

图 8-174 图 8-175

（10）选择"特效控制台"面板，展开"运动"选项，将"位置"选项设置为-140.0 和 288.0，并单击"位置"选项前面的"切换动画"按钮 ，如图 8-176 所示，记录第 1 个动画关键帧。将时间指示器放置在 14:18s 的位置，将"位置"选项设置为 360.0 和 288.0，如图 8-177 所示，记录第 2 个动画关键帧。在"节目"面板中预览效果，如图 8-178 所示。

图 8-176 图 8-177 图 8-178

（11）将时间指示器放置在 16:04s 的位置，选择"特效控制台"面板，展开"透明度"选项，单击选项右侧的"添加/移除关键帧"按钮 ，如图 8-179 所示，记录第 1 个关键帧。将时间指示器放置在 16:09s 的位置，将"透明度"选项设为 0.0%，如图 8-180 所示，记录第 2 个关键帧。

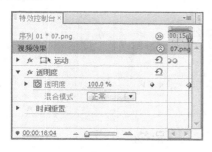

图 8-179 图 8-180

（12）将时间指示器放置在 15:11s 的位置，在"项目"面板中选中"08"文件并将其拖曳到"时间线"面板中的"视频 3"轨道中，如图 8-181 所示。将鼠标指针放在"08"文件的尾部，当鼠标指针呈 状时，向前拖曳鼠标到 16:10s 的位置，如图 8-182 所示。

（13）选择"特效控制台"面板，展开"运动"选项，将"位置"选项设置为 510.0 和 244.0，"缩放比例"选项设置为 50.0，如图 8-183 所示。在"节目"面板中预览效果，如图 8-184 所示。

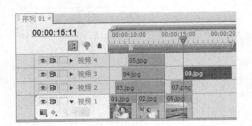

图 8-181

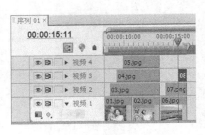

图 8-182

图 8-183

图 8-184

（14）选择"效果"面板，展开"视频特效"分类选项，单击"风格化"文件夹前面的三角形按钮▶将其展开，选中"马赛克"特效，如图 8-185 所示。将"马赛克"特效拖曳到"时间线"面板中的"08"文件上，如图 8-186 所示。

图 8-185

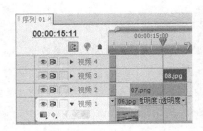

图 8-186

（15）选择"特效控制台"面板，展开"马赛克"特效，进行参数设置，并单击"水平块"和"垂直块"选项前面的"切换动画"按钮，如图 8-187 所示，记录第 1 个动画关键帧。将时间指示器放置在 16:06s 的位置，将"水平块"选项设置为 200，"垂直块"选项设置为 200，如图 8-188 所示，记录第 2 个动画关键帧。

（16）选择"效果"面板，展开"视频特效"分类选项，单击"变换"文件夹前面的三角形按钮▶将其展开，选中"羽化边缘"特效，如图 8-189 所示。将"羽化边缘"特效拖曳到"时间线"面板中的"08"文件上，如图 8-190 所示。

图 8-187　　　　　　　　　　　　　　　图 8-188

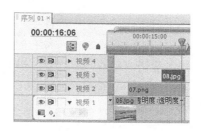

图 8-189　　　　　　　　　　　　　　　图 8-190

（17）选择"特效控制台"面板，展开"羽化边缘"特效并进行参数设置，如图 8-191 所示。在"节目"面板中预览效果，如图 8-192 所示。使用相同的方法制作"08"文件的透明动画效果。

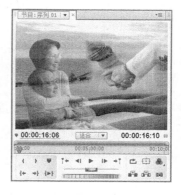

图 8-191　　　　　　　　　　　　　　　图 8-192

（18）在"项目"面板中选中"09"文件并将其拖曳到"时间线"面板中的"视频 1"轨道中，如图 8-193 所示。将时间指示器放置在 19:05s 的位置，将鼠标指针放在"09"文件的尾部，当鼠标指针呈 状时，向前拖曳鼠标到 19:05s 的位置，如图 8-194 所示。

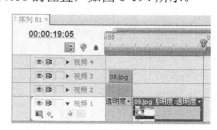

图 8-193　　　　　　　　　　　　　　　图 8-194

（19）将时间指示器放置在 17:06s 的位置，在"项目"面板中选中"10"文件并将其拖曳到"时间线"面板中的"视频 2"轨道中。将鼠标指针放在"10"文件的尾部，当鼠标指针呈 ┿ 状时，向前拖曳鼠标到 19:05s 的位置，如图 8-195 所示。

（20）选择"特效控制台"面板，展开"运动"选项，将"位置"选项设置为 826.0 和 288.0，并单击"位置"选项前面的"切换动画"按钮 ，如图 8-196 所示，记录第 1 个动画关键帧。将时间指示器放置在 17:15s 的位置，将"位置"选项设置为 398.0 和 288.0，如图 8-197 所示，记录第 2 个动画关键帧。

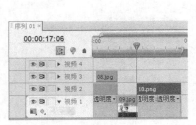

图 8-195　　　　　　　　　图 8-196　　　　　　　　　图 8-197

（21）将时间指示器放置在 17:19s 的位置，在"项目"面板中选中"11"文件并将其拖曳到"时间线"面板中的"视频 3"轨道中，如图 8-198 所示。将时间指示器放置在 18:13s 的位置，将鼠标指针放在"11"文件的尾部，当鼠标指针呈 ┿ 状时，向前拖曳鼠标到 18:13s 的位置，如图 8-199 所示。

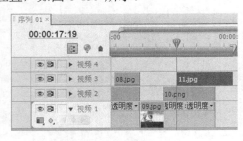

图 8-198　　　　　　　　　　　　　图 8-199

（22）将时间指示器放置在 17:19s 的位置，选择"特效控制台"面板，展开"运动"选项，将"位置"选项设置为 580.0 和-91.0，"缩放比例"选项设置为 30.0，"旋转"选项设置为 1×0.0°，并单击"位置"和"旋转"选项前面的"切换动画"按钮 ，如图 8-200 所示，记录第 1 个动画关键帧。将时间指示器放置在 18:04s 的位置，将"位置"选项设置为 580.0 和 288.0，"旋转"选项设置为 0.0°，如图 8-201 所示，记录第 2 个动画关键帧。在"节目"面板中预览效果，如图 8-202 所示。

（23）在"项目"面板中选中"12"文件并将其拖曳到"时间线"面板中的"视频 3"轨道中。将鼠标指针放在"12"文件的尾部，当鼠标指针呈 ┿ 状时，向前拖曳鼠标到 19:05s 的位置，如图 8-203 所示。

（24）将时间指示器放置在 18:13s 的位置，选择"特效控制台"面板，展开"运动"选项，将"位置"选项设置为 580.0 和 288.0，"缩放比例"选项设置为 30.0，如图 8-204 所示。

在"节目"面板中预览效果，如图 8-205 所示。

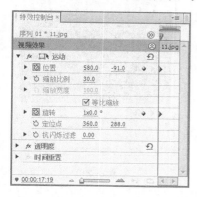

图 8-200

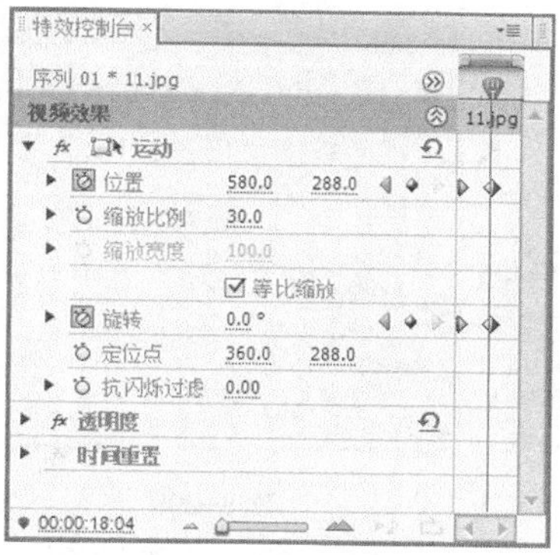

图 8-201

图 8-202

图 8-203

图 8-204

图 8-205

3. 制作影片片尾

（1）在"项目"面板中选中"13"文件并将其拖曳到"时间线"面板中的"视频 1"轨道中，如图 8-206 所示。将时间指示器放置在 29:05s 的位置，将鼠标指针放在"11"文件的尾部，当鼠标指针呈 ✛ 状时，向后拖曳鼠标到 29:05s 的位置，如图 8-207 所示。

图 8-206

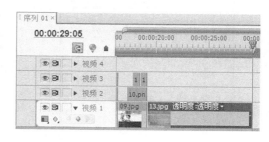

图 8-207

（2）在"项目"面板中选中"15"文件并将其拖曳到"时间线"面板中的"视频 2"轨道中，如图 8-208 所示。将时间指示器放置在 19:05s 的位置，在"时间线"面板中选中"15"文件，选择"特效控制台"面板，展开"运动"选项，将"位置"选项设置为 360.0 和 335.0，"缩放比例"选项设置为 110.0，如图 8-209 所示。在"节目"面板中预览效果，如图 8-210 所示。

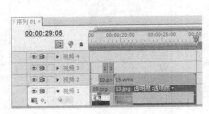

图 8-208   图 8-209   图 8-210

（3）选择"效果"面板，展开"视频特效"分类选项，单击"键控"文件夹前面的三角形按钮 ▶ 将其展开，选中"颜色键"特效，如图 8-211 所示。将"颜色键"特效拖曳到"时间线"面板中的"15"文件上，如图 8-212 所示。

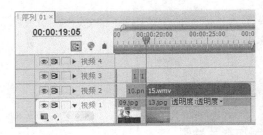

图 8-211   图 8-212

（4）选择"特效控制台"面板，展开"颜色键"特效并进行参数设置，如图 8-213 所示。在"节目"面板中预览效果，如图 8-214 所示。

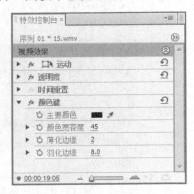

图 8-213   图 8-214

（5）选择"效果"面板，展开"视频特效"分类选项，单击"调整"文件夹前面的三角形按钮 ▶ 将其展开，选中"色阶"特效，如图 8-215 所示。将"色阶"特效拖曳到"时间线"面板中的"15"文件上，如图 8-216 所示。

图 8-215

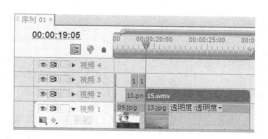

图 8-216

（6）选择"特效控制台"面板，展开"色阶"特效并进行参数设置，如图 8-217 所示。在"节目"面板中预览效果，如图 8-218 所示。

图 8-217

图 8-218

（7）将时间指示器放置在 20s 的位置，在"项目"面板中选中"字幕 03"文件并将其拖曳到"时间线"面板中的"视频 3"轨道中，如图 8-219 所示。将鼠标指针放在"字幕 03"文件的尾部，当鼠标指针呈 状时，向后拖曳鼠标到 29:05s 的位置，如图 8-220 所示。

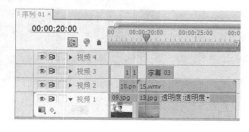

图 8-219

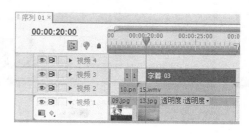

图 8-220

（8）选择"特效控制台"面板，展开"运动"选项，取消勾选"等比缩放"复选框，将"缩放宽度"选项设置为 0，并单击"缩放宽度"选项前面的"切换动画"按钮 ，如图 8-221 所示，记录第 1 个动画关键帧。将时间指示器放置在 23:06s 的位置，将"缩放宽度"选项设置为 100.0，如图 8-222 所示，记录第 2 个动画关键帧。在"节目"面板中预览效果，如图 8-223 所示。

图 8-221　　　　　　　　　　　　图 8-222　　　　　　　　　　　　图 8-223

（9）选择"效果"面板，展开"视频切换"分类选项，单击"叠化"文件夹前面的三角形按钮▶将其展开，选中"交叉叠化"特效，如图 8-224 所示。将其拖曳到"时间线"面板中的"14"文件的的结束位置，如图 8-225 所示。

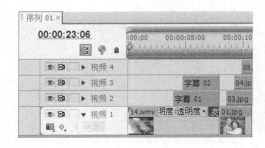

图 8-224　　　　　　　　　　　　　　　　　图 8-225

（10）用相同的方法在"时间线"面板中为其他文件添加适当的过渡切换，如图 8-226 所示。最美夕阳纪录片制作完成，效果如图 8-227 所示。

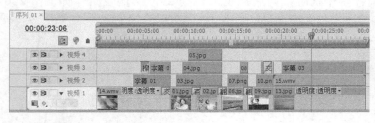

图 8-226　　　　　　　　　　　　　　　　　图 8-227

8.5　制作儿歌 MV

【案例学习目标】编辑音频的重低音。

【案例知识要点】使用"字幕"命令添加并编辑文字；使用"特效控制台"面板编辑视频的位置、缩放比例、透明度并制作动画效果；使用"闪光灯"特效为视频添加闪光效果，并制作闪光灯的动画效果；使用"低通"命令制作音频低音效果。制作儿歌 MV 效果如图 8-228 所示。

【效果所在位置】光盘/Ch08/制作儿歌 MV. prproj。

1. 添加项目文件

（1）启动 Premiere Pro CS5 软件，弹出"欢迎使用 Adobe Premiere Pro"欢迎界面，单击"新建项目"按钮 ，弹出"新建项目"对话框，设置"位置"选项，选择保存文件路径，在"名称"文本框中输入文件名"制作儿歌 MV"，如图 8-229 所示，单击"确定"按钮，

图 8-228

弹出"新建序列"对话框，在左侧的列表中展开"DV-PAL"选项，选中"标准 48kHz"模式，如图 8-230 所示，单击"确定"按钮。

图 8-229

图 8-230

（2）选择"文件 > 导入"命令，弹出"导入"对话框，选择光盘中的"Ch08\制作儿歌 MV\素材\01～02"文件，单击"打开"按钮，导入图片和音频文件，如图 8-231 所示。导入后的文件排列在"项目"面板中，如图 8-232 所示。

图 8-231

图 8-232

（3）选择"文件 > 新建 > 字幕"命令，弹出"新建字幕"对话框，如图 8-233 所示，单击"确定"按钮，弹出字幕编辑面板。选择"输入"工具 T，在字幕工作区中输入需要

的文字，在"字幕属性"设置子面板中设置 RGB 颜色为黑色，其他选项的设置如图 8-234 所示。关闭字幕编辑面板，新建的字幕文件自动保存到"项目"面板中。用相同的方法添加其他字幕文件。

图 8-233

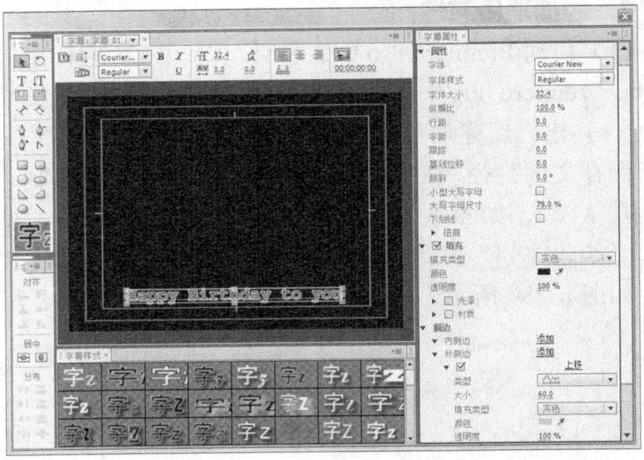

图 8-234

2. 制作图像动画

（1）在"项目"面板中选中"背景/01"文件并将其拖曳到"时间线"面板中的"视频 1"轨道上，如图 8-235 所示。将时间指示器放置在 24:21s 的位置，将鼠标指针放在"背景/01"文件的尾部，当鼠标指针呈↔状时，向后拖曳鼠标到 24:21s 的位置，如图 8-236 所示。

图 8-235

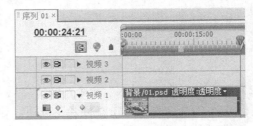

图 8-236

（2）将时间指示器放置在 0s 的位置，选择"特效控制台"面板，展开"透明度"选项，将"透明度"选项设为 0.0%，如图 8-237 所示，记录第 1 个关键帧。将时间指示器放置在 02:08s 的位置，将"透明度"选项设为 100.0%，如图 8-238 所示，记录第 2 个关键帧。

图 8-237

图 8-238

（3）将时间指示器放置在 10:05s 的位置，在"项目"面板中选中"企鹅 1/01"文件并将其拖曳到"时间线"面板中的"视频2"轨道上，如图8-239所示。将鼠标指针放在"企鹅1/01"文件的尾部，当鼠标指针呈➕状时，向后拖曳鼠标到24:21s的位置，如图8-240所示。

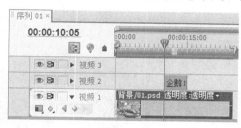

图8-239

图8-240

（4）选择"序列 > 添加轨道"命令，弹出"添加视音轨"对话框，选项的设置如图8-241所示，单击"确定"按钮，在"时间线"面板中添加7条视频轨道。用相同的方法添加其他文件到"时间线"面板中，并调整到适当的位置，效果如图8-242所示。

图8-241

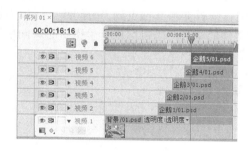

图8-242

（5）选择"窗口 > 效果"命令，弹出"效果"面板，展开"视频特效"分类选项，单击"风格化"文件夹前面的三角形按钮▶将其展开，选中"闪光灯"特效，如图8-243所示。将"闪光灯"特效拖曳到"时间线"面板中的"企鹅1/01"文件上，如图8-244所示。

图8-243

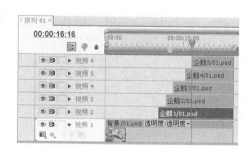

图8-244

（6）将时间指示器放置在17:05s的位置，选择"特效控制台"面板，展开"闪光灯"选项，进行参数设置，并单击"与原始图"选项左侧的"切换动画"按钮🕘，如图8-245所示，记录第1个动画关键帧。将时间指示器放置在22:16s的位置，将"与原始图"选项设为100%，如图 8-246 所示，记录第 2 个动画关键帧。使用相同的方法制作其他文件闪光灯动画效果，如图 8-247 所示。

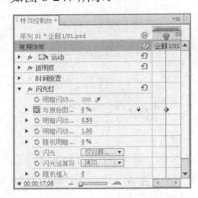

图 8-245　　　　　　　　　　　图 8-246　　　　　　　　　　　图 8-247

（7）选择"序列 > 添加轨道"命令，弹出"添加视音轨"对话框，选项的设置如图 8-248 所示，单击"确定"按钮，在"时间线"面板中添加 4 条视频轨道。在"项目"面板中选中"舞台布/01"文件并将其拖曳到"时间线"面板中的"视频 7"轨道上。将鼠标指针放在"舞台布/01"文件的尾部，当鼠标指针呈┿状时，向后拖曳鼠标到 24:21s 的位置，如图 8-249 所示。

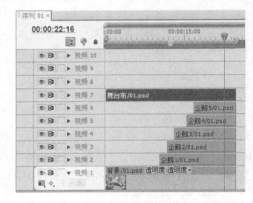

图 8-248　　　　　　　　　　　　　　　　　图 8-249

（8）选择"特效控制台"面板，展开"运动"选项，将"缩放比例"选项设置为 110.0，如图 8-250 所示。在"节目"面板中预览效果，如图 8-251 所示。

图 8-250　　　　　　　　　　　　　　　　图 8-251

（9）将时间指示器放置在 0s 的位置，选择"特效控制台"面板，展开"透明度"选项，将"透明度"选项设为 0.0%，如图 8-252 所示，记录第 1 个关键帧。将时间指示器放置在 02:08s 的位置，将"透明度"选项设为 100.0%，如图 8-253 所示，记录第 2 个关键帧。

图 8-252　　　　　　　　　　　　　　　　图 8-253

（10）将时间指示器放置在 03:02s 的位置，在"项目"面板中选中"生日蛋糕/01"文件并将其拖曳到"时间线"面板中的"视频 8"轨道中，如图 8-254 所示。将鼠标指针放在"生日蛋糕/01"文件的尾部，当鼠标指针呈 ↔ 状时，向后拖曳鼠标到 24:21s 的位置，如图 8-255 所示。

图 8-254　　　　　　　　　　　　　　　　图 8-255

（11）选择"特效控制台"面板，展开"运动"选项，将"位置"选项设置为 360.0 和 602.0，并单击"位置"选项前面的"切换动画"按钮，如图 8-256 所示，记录第 1 个动画关键帧。将时间指示器放置在 05:06s 的位置，将"位置"选项设置为 360.0 和 288.0，如图 8-257 所示，记录第 2 个动画关键帧。在"节目"面板中预览效果，如图 8-258 所示。

图 8-256　　　　　　　　　　图 8-257　　　　　　　　　　图 8-258

（12）将时间指示器放置在 07:22s 的位置，选择"特效控制台"面板，展开"透明度"选项，单击选项右侧的"添加/移除关键帧"按钮，如图 8-259 所示，记录第 1 个关键帧。

将时间指示器放置在 09:05s 的位置，将"透明度"选项设为 00.0%，如图 8-260 所示，记录第 2 个关键帧。

图 8-259

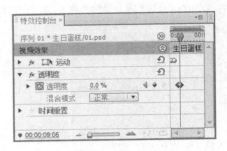

图 8-260

（13）将时间指示器放置在 21:13s 的位置，单击"透明度"选项右侧的"添加/移除关键帧"按钮，如图 8-261 所示，记录第 1 个关键帧。将时间指示器放置在 24:18s 的位置，将"透明度"选项设为 100.0%，如图 8-262 所示，记录第 2 个关键帧。

图 8-261

图 8-262

（14）将时间指示器放置在 05:05s 的位置，在"项目"面板中选中"文字/01"文件并将其拖曳到"时间线"面板中的"视频 9"轨道中，如图 8-263 所示。将鼠标指针放在"文字/01"文件的尾部，当鼠标指针呈状时，向后拖曳鼠标到 24:21s 的位置上，如图 8-264 所示。使用相同的方法制作"文字/01"文件缩放比例和透明度动画效果。

图 8-263

图 8-264

（15）将时间指示器放置在 10:05s 的位置，在"项目"面板中选中"字幕 01"文件并将其拖曳到"时间线"面板中的"视频 10"轨道中，如图 8-265 所示。将时间指示器放置在 17:19s 的位置，将鼠标指针放在"字幕 01"文件的尾部，当鼠标指针呈状时，向后拖曳鼠标到 17:19s 的位置，如图 8-266 所示。

（16）用相同的方法添加其他字幕文件到"时间线"面板中，并调整到适当的位置，效果如图 8-267 所示。

图 8-265

图 8-266

图 8-267

（17）将时间指示器放置在 24:07s 的位置，选择"特效控制台"面板，展开"透明度"选项，单击选项右侧的"添加/移除关键帧"按钮 ，如图 8-268 所示，记录第 1 个关键帧。将时间指示器放置在 24:19s 的位置，将"透明度"选项设为 0.0%，如图 8-269 所示，记录第 2 个关键帧。

图 8-268

图 8-269

（18）在"项目"面板中选中"02"文件并将其拖曳到"时间线"面板中的"音频 1"轨道上，如图 8-270 所示。选择"效果"面板，展开"音频特效"选项，单击"立体声"文件夹前面的三角形按钮 ▷ 将其展开，选中"低通"特效，如图 8-271 所示。将"低通"特效拖曳到"时间线"面板中的"02"文件上，如图 8-272 所示。

图 8-270

图 8-271

图 8-272

（19）选择"特效控制台"面板，展开"低通"特效，将"屏蔽度"选项设置为3000.0Hz，如图8-273所示。在"节目"面板中预览效果，如图8-274所示。音乐MV制作完成。

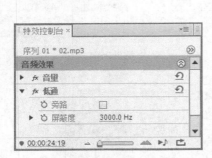

图 8-273

图 8-274